心理戦に勝つ

孫子の兵法入門

臨機応変な処置 人と人との和

高畠 穣

日文新書

日本文芸社

はじめに

孔子の没後、春秋時代の大国である晋《しん》が韓《かん》・魏《ぎ》・趙《ちょう》の三国に分裂した時、つまり紀元前四〇三年から、秦《しん》の始皇帝《しこうてい》による初の統一国家の創建（前二二一年）に至るほぼ二百年になんなんとする歳月を、戦国時代という。この激しい騒乱の時代に、中国には、あまたの傑出した思想家が現れ、すぐれた著述が次々に書かれたことは、きわめて印象的である。道徳主義あるいは徳治を唱える儒家《じゅか》の書は『論語』『孟子《もうし》』『荀子《じゅんし》』、黄《こう》・老《ろう》思想を祖述する道家《どうか》の書は『老子』『荘子《そうじ》』、法の厳正な適用を主張する法家《ほうか》の書は『管子《かんし》』『韓非子《かんぴし》』、兼愛を説く墨家《ぼっか》の書は『墨子《ぼくし》』、戦術・戦略をいう兵家《へいか》の書である『孫子《そんし》』『呉子《ごし》』と、まことに多彩であった。こうした思想家たちの手によってあらわされた経国経世の書は、それぞれに個性豊かな著述群で、来《きた》るべき中国の国家統一の理論的準備は、できあがったことになる。

そういう理論的根拠の確立を緊急な課題とするほど、世の中、生きにくかったのであろう。

「春秋に義戦なし」と孟子を嘆かせた春秋時代を経て、つづく戦国時代を特徴づけるできごとといえば、侵略であり、防衛であり、智力をしぼっての外交交渉であり、内乱であり、亡命であり、暗殺であり、妥協であり、裏切りもあり、……とそればかりである。この時代を一個の男子として全《まっと》うすることの難しさは、『史記』その他、もろもろの中国の歴史書に現れる人々の栄枯盛衰の事実によって知ることができる。

『孫子』の著者である孫子(呉の孫武《そんぶ》)もまた、この時代を烈《はげ》しく生きた。『孫子』が展開するのは、戦国時代という、すでに述べたような、厳しく酷薄な時代によって鍛えられた思想である。軍を指揮してひとたび敗北すれば、過去にどのような勲功があろうと、そこに無情の死刑が待っている、そういう時代の戦争理論には、机上《きじょう》の空論の入り込む余地などない。『孫子』は、時代の試練を耐えぬいてきた著述である。

戦国時代はまた、常時、十万、二十万人単位の軍隊が動員された時代でもある。百万の壮丁《そうてい》をかかえた秦は、韓、魏を討って、二十万人を斬首し、趙と決戦した長平の戦い(前二七〇年)では、四十余万人の多きを屠《ほふ》ったと記録に書かれている。『孫子』が、二千五百年も経た今日も、なおみずみずしく存在し、極限の高みにまで登り詰めてしまった二十一世紀の管理社会、心理戦の時代にそのまま適用できるのは、二十万、三十万という人々を実際に動かしてきた実績の上に成り立つものだからである。

はじめに

『孫子』は、厳しく、烈しく、酷薄な時代に書かれた。また、人々をよく導いて、勝利をもたらした。だからこそ、われわれをとらえて離さない。たとえば、〈軍形篇〉にいう、「戦いに勝つ者の用兵は、言ってみれば満々とたたえた水を、千仞《せんじん》の谷に切って落とすようなものだ」と。堰堤《えんてい》にたたえられた水は動かない。静の状態にある。決戦をひかえて満を持している軍隊がこれであろう。その軍隊は猛烈な破壊力を内に秘めながら、一見、悠然と休養をとっている。指揮官たるものの仕事は、配下の軍隊をこの状態にまで持っていくことだ。あとは敵の虚を衝《つ》いて突撃の命令を下すだけ。この軍隊が静から動へと移った瞬間、すさまじい力が発揮されるにちがいない。またたとえば、〈九地篇〉にいう、「死地では、戦うのだ」と。無我夢中で戦うほかに生きのびることができない場所が死地である。死地におもむけ、そこで勝てるのだと、孫子は、人々を励ます。

人生を必死に生きぬく個人にも、困難に立ち向かう指揮者にも、『孫子』はたしかに身近である。それが示唆するものは、人間の生き方から身の処し方、組織掌握の秘訣、人の動かし方……等々と広く、深い。本書では、孫子が意図したことから行間にひそむ意味まで、追ってみた。

著　者

■関連中国古代地図と年表

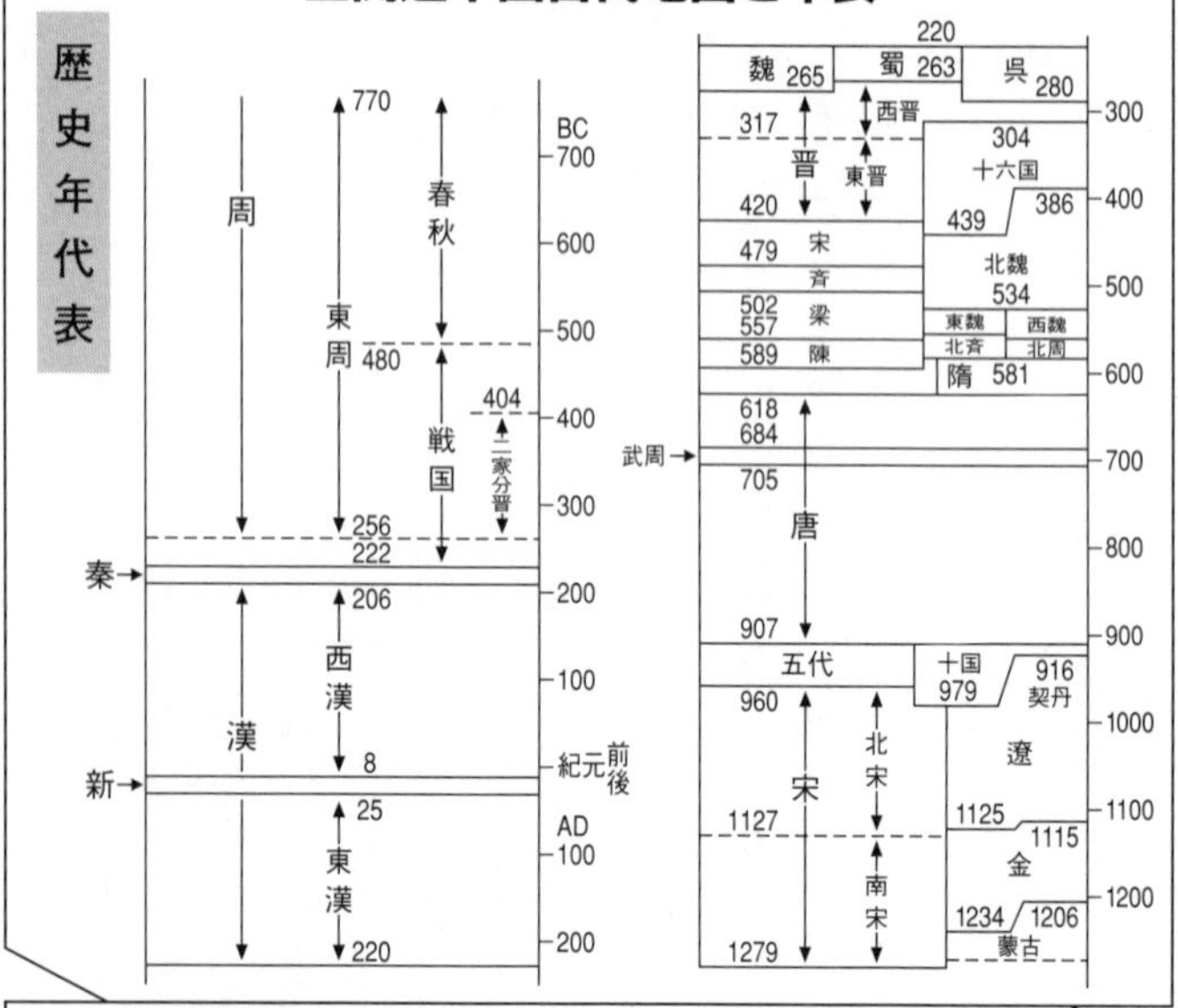

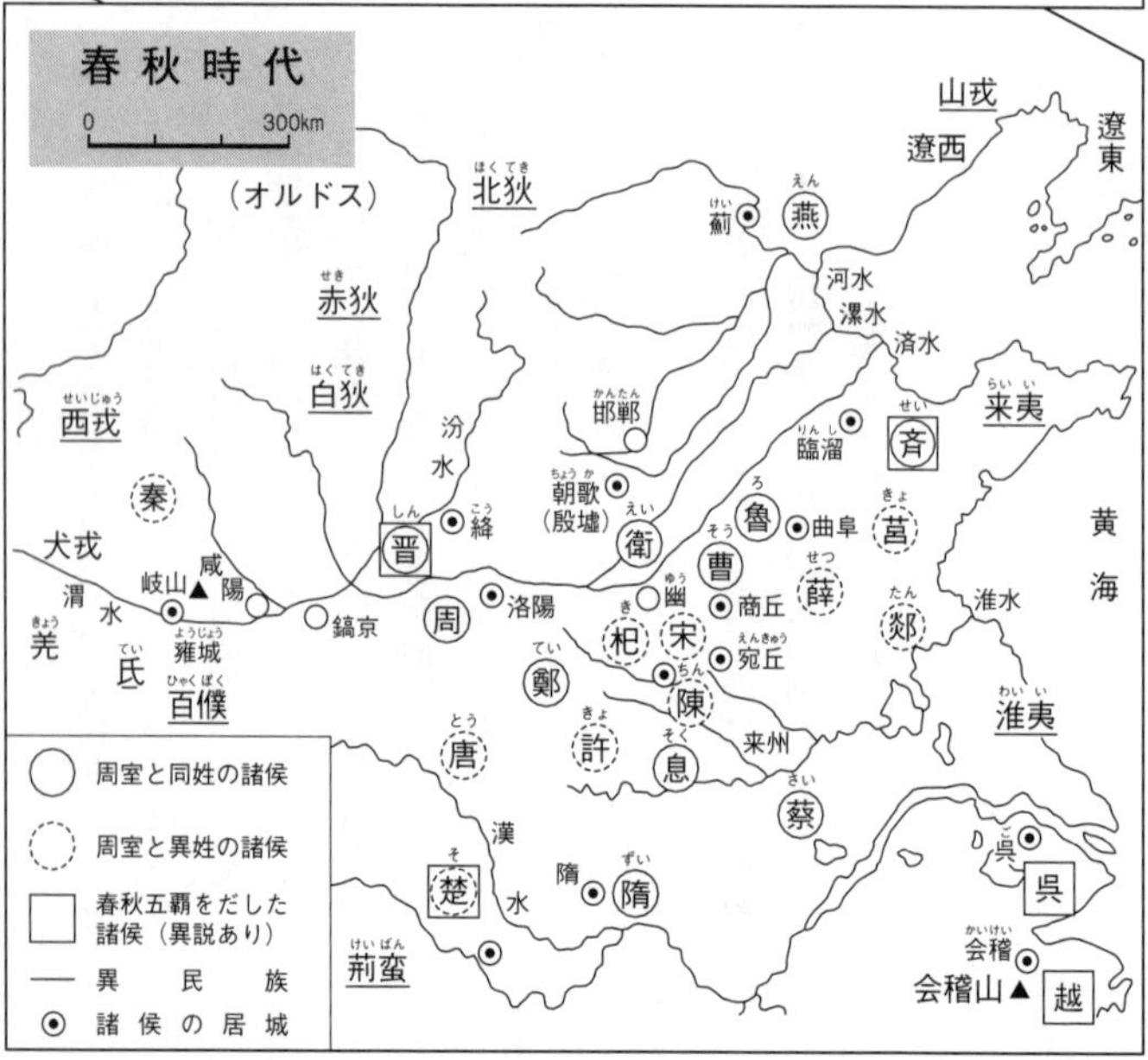

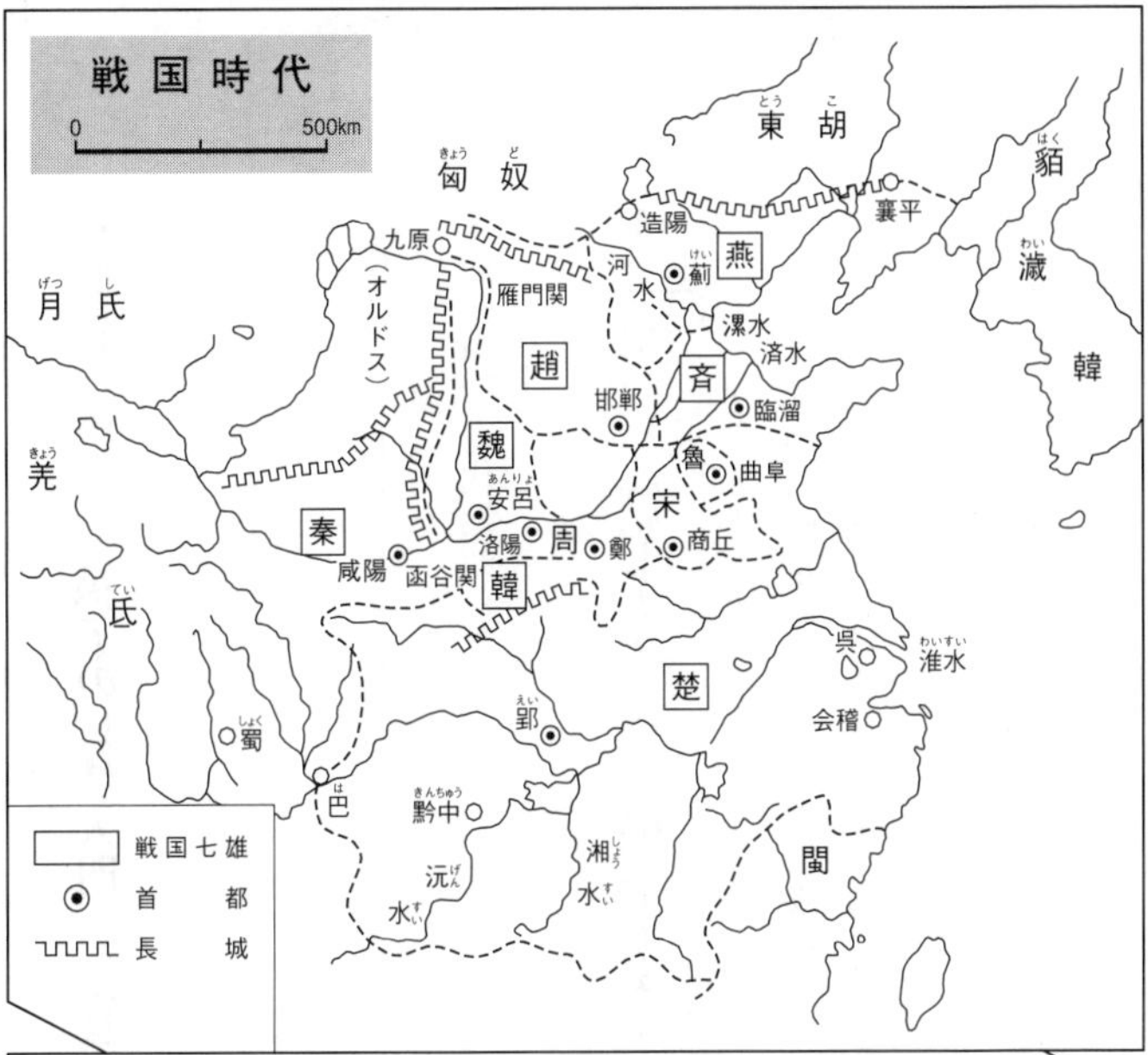
戦国時代
0
500km
東《とう》胡《こ》
匈《きょう》奴《ど》
貊《はく》
襄平
造陽
九原
燕
薊《けい》
河水
濊《わい》
月《げつ》氏《し》
(オルドス)
雁門関
漯水
済水
趙
斉
韓
邯鄲
臨淄
羌《きょう》
魏
魯
曲阜
安呂《あんりょ》
宋
秦
洛陽
周
鄭
商丘
咸陽
函谷関
韓
氐《てい》
呉
淮水《わいすい》
楚
郢《えい》
会稽
蜀《しょく》
巴《は》
黔中《きんちゅう》
湘《しょう》
水《すい》
沅《げん》
水《すい》
閩
戦国七雄
首都
長城

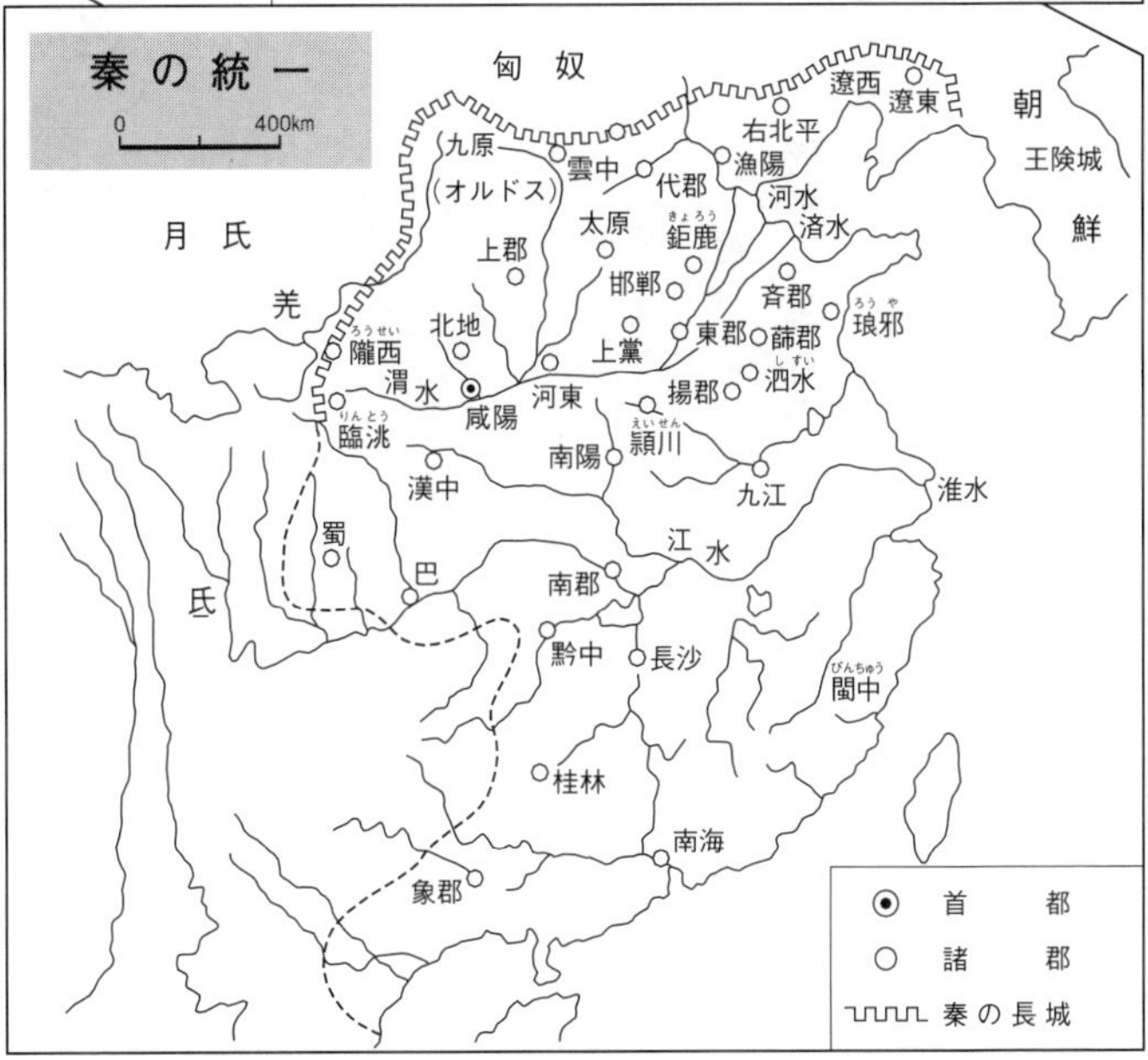
秦の統一
0
400km
匈奴
遼西
遼東
朝
右北平
王険城
九原
雲中
漁陽
代郡
河水
(オルドス)
済水
鮮
月氏
太原
鉅鹿《きょろう》
上郡
邯鄲
斉郡
羌
琅邪《ろうや》
北地
隴西《ろうせい》
上黨
東郡
薛郡
渭水
泗水《しすい》
揚郡
咸陽
河東
臨洮《りんとう》
潁川《えいせん》
南陽
漢中
九江
淮水
江水
蜀
巴
南郡
氐
黔中
長沙
閩中《びんちゅう》
桂林
南海
象郡
首都
諸郡
秦の長城

◉心理戦に勝つ!　孫子の兵法入門——【目次】

ある／規律の乱れに乗じて攻めよ／しばしば賞を与えるのは苦しい証拠／場合によっては部下を処罰せよ

10 地形篇＝部下を奮起させる法！ ―― 157

指揮者は自分の判断だけで軍を動かせ／部下は、いたわれば生死をもともにする／戦さ上手は、その行動に迷いがない／地の利、攻撃の時機をのがすな

11 九地篇＝極限状態での対処法！ ―― 167

囲まれたら、奇手奇計でまず脱出せよ／極限状態になると人は思わぬ力を出す／待つ時は、知恵をしぼり活動的に待て／相手の不備は間髪を入れずに攻めよ／ホームグラウンドでは気がゆるむもの／死ぬ気になればできないことはない／部下を極限状態に置くことも必要である／地形に適した戦法をとれ／相手の身になって考えよ／指導者は常識を超えた賞罰を行なえ／相手に言いなりになって油断させよ／声を殺して準備し、一時に爆発させよ

カバーデザイン――久保 和正

われわれの生活に深い影響を与えてきた『孫子《そんし》』を読むテキストには、従来の流布《るふ》本のほか、おもに『宋本十一家注《そうほんじゅういっかちゅう》孫子』を用いた。三国魏《ぎ》の曹操《そうそう》、唐の李筌《りせん》・杜佑《とゆう》・杜牧《とぼく》、宋の王皙《おうせき》・張預《ちょうよ》、唐の賈林《かりん》、宋の梅尭臣《ばいぎょうしん》、唐の陳皞《ちんこう》、梁《りょう》の孟氏《もうし》、宋の何《か》氏（何延錫《えんしゃく》）がそれぞれに読んだ理解の仕方を参考にさせてもらったが、それ以外にも、新出土・新発見の資料にもとづく微調整もほどこした。それが孫子の持つ新しい魅力につながっていれば幸いである。

1 計篇＝人生は〝戦い〟である！

生か死か、繁栄か滅亡か……それが戦争だ——

兵《へい》は国《くに》の大事《だいじ》にして　死《し》生《せい》の地《ち》　存亡《そんぼう》の道《みち》なり　察《さつ》せざるべからざるなり

『孫子』は、どうしたら戦争に勝てるかを書いた本である。戦争とは、敗れれば死、である。『孫子』の行間には、戦争の冷酷がにじみ出ざるをえない。思考には現実性、体験には屈辱と歓喜、判断には断定が、酷薄のうらはらのものとして求められる。

戦争について考えることはあるが、自分で戦争をしようとは、たいていの人は考えない。そういう立場であっても、『孫子』を読むと『孫子』は何かを感じさせる。『孫子』に感じさせるものがあるとすれば、それは、戦争の持つ酷薄さから生ずるもろもろの、人間に関することどもであろう。

〈行軍篇〉に「夜呼ぶものは恐るるなり」という言葉がある。

これを読むと、草むらに隠れ、夜営する敵をうかがう偵察員の姿が浮かんでくる。かがり火の向こうにいる敵兵の姿も浮かぶ。誰かが大きな声で何かわめく。偵察員のひたいに噴き出る冷たい汗。

「夜呼ぶ声は恐るるなり」。偵察員の報告を聞く指揮官は、夜襲を決意する。すなわち敵は動揺している。攻撃は今夜だ。

われわれは、暗闇《くらやみ》につつまれて、敵地の奥深く不安の夜を過ごす兵卒たちの心情を想像できるし、不意打ちを受け、よくわからぬままに死んでいく兵卒たちのことや、その兵卒の死が、彼の人生を断ち切るだけでなく、遠く離れた国にいる彼とかかわりのある誰かの人生にも深い穴をつくること、さらには敵を斬り殺した夜襲部隊の兵士が、今日は死ななくても、明日はおそらく死ぬだろうと考える。

＊

このように、あれこれの人生が、『孫子』の論理的、実践的な文章の行間から、イメージとして浮かびあがってくる。われわれは、それらを考え、類推し、いつか、わが人生、わが生き方、わが考え方を、『孫子』にだぶらせていくのである。

「兵《いくさ》は国の大事なり」の「国」は、かくて、時には「国」のままで、時には「私」あるいは現代の何かの事象に転化し、「生きる」あるいは「いかに生きるか」ということとして、自己の内面の問題に転化していく。

＊

もっとも、そのように『孫子』を読まなくても、怒る権利は誰にもない。孫子は、あるいは壁に向かって話すように、ひたすらに自分の考えを述べただけかもしれない、と考える立場があってもおかしくはない。

正義感にとらわれては戦いに勝てない

兵《へい》は詭道《きどう》なり

漢の韓信《かんしん》が張耳《ちょうじ》と兵数万を率いて東進し、井陘《せいけい》を下って趙《ちょう》を攻撃しようとしていると聞いて、趙王と成安君陳余《せいあんくんちんよ》は兵を井陘口に集めた。その兵力は二十万と呼号していた。広武君李左車《こうぶくんりさしゃ》が、成安君に説いて言った。

「漢の将軍韓信は、西河を渡って魏《ぎ》王を虜《とりこ》にし、夏説《かえつ》を虜にし、閼与《あつよ》（韓の地名）に流血をもたらしたばかりだと聞いています。それが今度は張耳を補佐として協議の結果、趙を降《くだ》そうとしているのです。彼らは、勝ちに乗じ、国を遠く離れて戦っていますから、その鋭鋒は当たるべからざるものがあります。しかし、千里もの遠くから糧食を送れば、兵士には飢えの色が見え、木を切り草を刈ってのちに炊《かし》げば、全軍飽食することがない、と聞いています。兵站《へいたん》線の伸びすぎた欠点をついたものでありましょう。ところで井陘の道は、車が轍《わだち》を並べることができず、馬も列をつくることができないほど険しい道であり、しかも行程数百里、とすればその糧食は必ず後方に遅れるにちがいありません。どうか私に奇襲部隊三万人をお貸しください。間道から、敵の輜重《しちょう》（輸送線）を絶ちましょう。貴下は溝を深くし、塁を高くし、陣を堅めて、交戦されないことです。敵は前進しても戦うことができず、退こうとしても帰ることができません。わが奇襲部隊が退路を絶ち、野に掠奪《りゃくだつ》するものがないようにしておけば、十日もたたないうちに、韓信・張耳二将軍の首は、貴下にお持ちすることができるでしょう。どうか私の計にご留意ください。さもなければ、二将軍に虜にされてしまうでしょう」

成安君は儒者であった。つねに正義の軍と称して、詐謀・奇計を用いなかった。

「兵法に、敵に十倍すればこれを包囲し、倍ならば戦う、とあると聞いている。今、韓信の軍はその兵数万と号しているが、実際は数千にすぎない。それが、千里の道を行軍してきてわが軍を襲うのだ。すでに疲れきっているにちがいない。このような敵さえ避けて攻撃しないとすれば、このあとさらに大きな敵が現れた場合、どうすればいいのだ。またそんなことをすれば、諸侯はわれらを臆病と思い、気軽にやってきて攻撃するだろう」

成安君はついに広武君の策を採用しなかった。やがて韓信の軍が攻撃すると、趙の軍は城を出て戦い、果たして大いに敗られた。成安君は泜水《ていすい》のほとりで斬られた。

正義の軍は詐謀・奇計を用いるべきではないという成安君の信念は、いちおう尊敬に値するとしても、それならばその正義の信念を戦争そのものにも貫き通すべきではなかったか。正義とは、単に奇計を用いないということだけではないはずだ。まして正義の戦争があるとすれば、いかなる奇計を用いても、その戦争に勝たなければならないだろう。

ともあれ、成安君の故事は、「敵に十倍すればこれを包囲し、倍ならば戦う」という孫子の言葉を教条主義的に信奉する愚かさとともに、区々たる奇計にこだわった正義の形骸化に対する、痛烈な諷刺《ふうし》となっているのだ。

戦争に〝定石〟や〝常道〟はない――兵《へい》は詭道《きどう》なり

詭道《きどう》についてもう少し論を進めたい。「詭」は天の理に悖《もと》る、欺《あざむ》く、騙《だま》す、常道に背《そむ》くといったイメージがつきまとうが、江戸後期の儒者太田全斎はこれに「およそことの、上下遠近顛倒《てんとう》するを詭という」と注している。常識、常道、それ以外にありようがないと誰もが信じている現実とか、価値、形態、状況、そういったものを「ひっくり返す運動」をさす。そんなことあるはずがないという視点から出発する発想といってよい。

一気圧のもとでは、水は一〇〇度Cで沸騰する。それは物理学上の真理だ。十進法をとれば、二二が四となる、これは数学上の公理だ。それは堅固に築かれた石の壁であり、その壁に沿って行けば必ず水晶宮《クリスタル・パレス》に行き着けると、まるで催眠術にかけられたように、人は素朴に信じていた。あたかもコンピューターによる精密な情報にもとづき、最新の兵器によってエコサイド（生態系《エコロジー》や環境に対する大規模破壊《ジエノサイド》）をつづければ、必ず勝てると、技術先進超大国が愚かにも信じていたように。

なるほど、この石の壁に疑いを抱いた者はいた。たとえばロンドンの世界初の万国博で鉄とガラスの水晶宮なる西欧文明に触れたドストエフスキーは、こう皮肉った。

「こうした石の壁はほんとうに鎮痛剤か何かで、事実、平和をもたらす一種の呪文を含んでいるように世間では考えられている。それはこの石の壁が二二が四であるという、ただそれだけの理由にすぎないのだ。おお、なんという愚の骨頂だ。それに比べるといっさいを理解し、いっさいを意識し、すべての不可能ごとや石の壁を達観しながら、もし妥協がいまわしく思われたら、その不可能ごとや石の壁と妥協しないほうが、どれだけ堂々として立派だかわからない」(『地下室の手記』)

ドストエフスキーが辛うじて妥協することをやめたにすぎなかった石の壁とは、現実にはさまざまな原因群と結果群とが結び合っているにもかかわらず、一定の仮説にもとづき、一定した材料を、一定した環境で実験した、テストケースのデータによって構築した、つまり、原因群と結果群のなかから任意の一つを選んで単純に結びつけた単なるモデルでしかない。

まして戦いとは、人間と人間が行なうものであり、しかも人間と人間にしか行なえないものであり、さらに具合の悪いことには、人間は絶えず変化し、その変化の軌跡は、いまのところ、たとえどのように精巧なコンピューターでも追跡できないとすれば、その戦いに二二が四のごとき石の壁を張りめぐらすこともできなければ、戦いに定形を求めることもできないではないか。

孫子はいう。

——戦さに常道はない。だから能力があっても無能なように見せかけ、効用があってもないように見せかけ、近くにいれば遠いように見せかけ、遠くにいれば近いように見せかけ、利で誘い、乱して取り、相手が充実すれば備え、強ければ避け、強い態度に出て相手の意気を挫《くじ》き、卑下して相手の驕慢を誘い、休息している時には疲労させ、親密なものを引き離し、その無防備を攻め、意表を衝《つ》くのである。

勝敗とは戦う前に決しているものである——

それいまだ戦わずして廟算《びょうさん》して勝つ者は算を得ること多ければなり

戦いに先だって、すでに勝敗は決せられているものだ。

たとえばセールスに出るとしよう。相手は絶対に購入すまいと決心している人々か、あるいは、おそらく購入したいにもかかわらず、その商談には異常な関心を示すまいと決心している人々である。滅多にいないであろうが、何でも買い入れてしまおうと待ち構えている人々もいるかもしれない。こういう人々を発見する方法を発明すれば、セールスはほとんど百戦百勝を期待できようが、おそらくそれは不可能に近く、かつ、そういう人々はあまりにも少ないであろう。したがって、まずは絶対に購入すまいと決心している人々と、購入したいにもかかわらず関心を示すまいと決心している人々を見分ける方法を確立しなければならない。

さて見分けがついたとして、買い手が関心を示すような言動をいっさい見せようとしないのは、実はそれによってその商談の主導権をにぎろうとしているのだ、ということを理解しなければならない。買い手は曖昧《あいまい》な態度で、何度も足を運ばせるかもしれない。買い手は決して自分の条件を一度にあかしはすまいと決心しているのかもしれないし、時には、もうこの商談は打ち切ろうというような態度をちらつかせて、これだけ足を運ばせられたならば、この投資を回収するために、どうしてもこの注文はとらなければならないと思いこませるような形で、ひそかにセールスマンに罠をしかけているかもしれないのだ。

少なくとも買い手は、主導権を絶対に手放さず、売り手に攻めに移るチャンスを与えまいとするだろう。そのなかで、いかにして主導権を奪取し、その瞬間、息つく間も与えずに相手を攻め落とすか、という深謀遠慮も張りめぐらさなければならない。

さらに値引きのかけひきもあるだろう。買い手は、必要なことはすべて相手に語らせたうえで大幅な値引きを主張し、さんざん接衝したあげく、ではあなたの顔を立てて折半で手を打とうというような手段に出るかもしれない。あるいは相手をじらせて、ここで引き下がればいままでの苦労は水の泡というような、セールスマンの心理的な陥穽《かんせい》を利用するかもしれない。

個人的な接触において、一般に売り手は買い手よりも不当に弱いのだ。深遠な策を立てることなく、やみくもに商談に入るものは、戦う前にすでに敗れているのだ。

だから孫子はいう。——戦いに先だって勝つのは、深く多彩なはかりごとがあるからである。

確率を計算してその高いほうを選べ

算多ければ勝ち　算少なきは勝たず　いわんや算なきにおいてをや

『水滸伝』のなかで痛快に暴れまわる黒旋風李逵《りき》は人気者だ。当たるをさいわい薙《な》ぎ倒し、斫《き》り倒し、いとも無造作に、理由もなく人殺しをしてしまう。それが民衆の心のなかに鬱積《うっせき》したもろもろを吹きとばしてくれたから、ヤンヤの喝采を浴びた。両手に斧をふるって暴れまわる姿を想像して〝黒い旋風〟と、まるでオリンピック報道の新聞見出しみたいなニックネームがつけられ、英雄視されることにもなった。

だが〝国益〟をこの一戦に賭けるとするなら、いきなり斧をふりまわすような派手な立回りばかりを演じてはいられない。まず会議、まず試算、そして模擬戦、その勝因・敗因の検討、さらに実戦にあてはめたときの成功率の算出……、それは周到であればあるほどよく、検討材料が多いほどよいに決まっている。

「勝利の成算が大きなほど、勝つ確率が高いほど、可能性が強ければ強いほど、実戦で勝つチャンスにもめぐまれる。条件がそろっていなければ勝てるわけがない」

その日の廟堂での作戦会議を想像してみるのも興がある。城の大広間の中央に据えられた大きな将棋盤とコマ、対坐する二人の軍略家、取り囲む侍大将の面々……となると、われらの想像力はテレビドラマ程度にスケール・ダウンだが、天地創造の混沌の気に発想し、陰陽の変化をとらえて変幻する術数（太一遁甲《たいいちとんこう》法）を駆使して読みに読み、出陣する将軍には十二分の成算を授けて送り出したことであろう。

孫子（孫武）のあと百五十年ほどしてもう一人の孫子が現れる。山東省臨沂《りんぎ》県銀雀山の前漢墓から出土した新資料によってその存在が確かめられた『孫臏《そんぴん》の兵法』の著者で、戦国時代の孫子である。孫という姓から想像できるように孫武の末裔であり斉の国（今の山東省あたり）の将軍の孫臏がその人で、なかなかの軍略家であった。当時の斉の国にはすでに数千人にも及ぶ学者、思想家、軍略家がいたといわれるから、廟堂での大会議も熱気を持ったであろう。あるいはブレーン・ストーミングのような自由な発言のなかから汲みあげられた数多くの策がふるいにかけられ、煮つめられたのかもしれない。『孫子』の注釈者の一人、唐の李筌《りせん》によれば、商・周時代の太一遁甲置算之法では、六〇ポイント以上を「算多し」、六〇ポイント以下を「算少なし」とした、とある。はたして百項目にも達する彼我の条件を仔細に検討したということなのか、そのあたりはわからないが、確率にして六〇パーセント以上ならばGO！　のサインで、それ以下はNO！　と読めないこともない。

いずれにしても兵書『孫子』が戦乱のなかの歴史の事実をふまえて練りあげられた、徹底した合理主義の産物であることをうかがわせる部分である。そう、『水滸伝』でいえば、軍師・呉用の深遠な算があればこそ、黒旋風李逵も花和尚魯智深《ろちしん》も華やかに舞台狭しと踊りまくり、大向こうをうならせることができたのだろう。

2 作戦篇＝戦う前に考えよ！

相手に時間的余裕を与えてはいけない

――兵《へい》は拙《せつ》速《そく》を聞《き》くもいまだ巧《こう》の久しきを睹《み》ず

二十世紀をあわただしく駆け抜けてきたわれわれは今、技術革命と環境保全というまったく対立する利害の狭間で、なんとかバランスを保ちつつ、あわよくばより快適に暮らしたいと願っている。

これまで、ひたすらに技術革新を追求し、それこそが人間に幸福をもたらすための最短距離だと信じてきた、いわば進歩に対する盲目的な信頼が、おびただしい公害に取り囲まれ、環境破壊に直面させられて、ちょっと待てよ、と足もとを振り返る場面が増えてきた。

テクノロジーとエコロジーの両面から、否、あらゆるものの面と角度から、あらゆるものの意味と価値を問い直そう、という。舵取りの難しい時代がやってきている。

物事を慎重に進める時代、やさしくゆっくり、手をつないで歩く二十一世紀という時代に、「やるべきことは、やり方は少々不細工でも、とにかく速戦即決、早いにこしたことはない。その反対に、仕上げは旨いけれど、長びいてよかったという事例はない」と説くこの言葉は、「時間が経過するということは、すべてのものが変化する、だから短時間のうちにすべての判断をせよ」と促しているのである。

すべてのものが変化するとは、進歩の価値さえ時間の経過とともに変化してしまうことなのだ。そのときどきの意味と価値の問いかけの正しさにしても、ただ同じ問いを繰り返すうちに、やがて、相対的な不正に転化することさえありうるだろう。孫子もいうとおり、無変化のまま一定の状態を持続させることは不可能だからだ。

戦いにスピードは欠かすことはできない。孫子はここで、徹底した電撃作戦の利と、持久戦に持ち込まれたときの不利をいう。

時々刻々と変化する状況に正確に対応していかなくてはならない項目として、人力（完全武装の兵士）、物力（戦車、輜重《しちょう》車）、財力（内外経費、外交機密費）、輸送力（食糧運搬、武具補給）……等々、十万の軍を動かせば一日に千金を必要とすると、すべてをモノの立場から検討してみせた。

技術革新万能主義者もＩＴ革命論者も、学問とは何か、生きるとは何かと問うにしても、時間を敵にまわすことによって、相対的な正しさを失い、挫折に追い込まれては次の一手を見失う。

――戦さには、策のつたなさをスピードで補うということはあるが、どんなによい策であろうとそのまま持続できるということはないのだ。

と孫子がいうのは、このことであろう。

食糧は相手から奪ってまかなえ

智将《ちしょう》は務《つと》めて敵《てき》に食《は》む
敵に一鐘《しょう》を食するは吾が二十鐘に当たり……

漢《かん》の武《ぶ》帝の元鼎《げんてい》四年、南越《なんえつ》に反乱のきざしが見えた。武帝は荘参《そうさん》に兵二千を与えて、南越を討伐させようとした。

だが荘参は、

「二千人くらいの兵力では、何もできません」

と言って、辞退してしまった。すると、郟県《こうけん》の壮士である韓千秋《かんせんしゅう》が、自分を推薦《すいせん》した。

「あんなちっぽけな国なんぞ、勇士が二百人もいれば十分です。おそれながら、私が征服してまいりましょう」

武帝は喜んで韓千秋に命じ、兵二千を率いて南越の国境を越えさせた。南越の国に入ると、韓千秋の軍はいくつかの小さな村を撃破して、意気をあげた。

南越の総理大臣の呂嘉《りょか》は、わざと道をあけ、糧食の補給にもなんの妨害も加えず、韓千秋の軍をおびきいれた。遠征軍にとって、糧食の補給はもっとも頭を痛めることである。すでに携帯食糧を食い果たし、大がかりな輜重《しちょう》隊も連れてきていなかった韓千秋の軍は、計略とも知らず、喜び勇んで糧食を補給しながら前進した。ところが、南越の首都・番禺《はんぐう》まであと四十里という地点で、突然呂嘉の軍の包囲攻撃を受け、全滅させられてしまった。糧食の補給に心を奪われて、戦闘の準備を怠っていたのである。たぶん呂嘉は、「敵から奪って食え」という孫子の兵法の裏をかいたのだろう。

　この知らせを聞いた武帝は大いに怒り、元鼎五年、近衛軍司令官の路博徳《ろはくとく》を伏波《ふくは》将軍に、列侯の封爵をつかさどる賞勲局付きの武官である楊僕《ようぼく》を楼船《ろうせん》将軍に任命し、罪人および江淮《こうわい》以南に属する海軍合計十万を率いて、南越を討伐することを命じた。

　元鼎六年の冬、楼船将軍は精兵を率いて攻撃を開始した。楼船将軍の攻撃は激しく、まず尋《じん》陜《きょう》をおとしいれ、ついで石門《せきもん》を撃破して、大量の南越の舟や糧食を手に入れた。この糧食の獲得によって、楼船将軍の軍の補給の問題はほぼ解決した。兵士たちはたらふく食って元気百倍、勇躍前進して南越の軍の鋭鋒をくじき、約束の地点で伏波将軍の軍を待った。その兵力は、依然として数万人を残していた。

　伏波将軍は罪人部隊を率いて前進したが、道は遠く、糧食の補給も思わしくなく、苦労を重ねて約束の期日に遅れてしまった。楼船将軍の軍と合流した時には、千余人の兵しか残っていないありさまだった。両軍は兵を合わせて前進したが、たらふく食い、休養十分な楼船将軍の軍の行軍は早く、ひと足先に番禺に到着した。

　番禺では、呂嘉の軍はすべて城にたてこもり、防備を固めていた。先に番禺に着いた楼船将軍は、攻撃に都合のいい、東南の側に陣を構えた。遅れて着いた伏波将軍は、西北の側に陣を布いた。

やがて日が暮れると、楼船将軍は猛攻を加えて南越の軍の前衛を破り、火を放って城を焼いた。城の西北に陣どった伏波将軍の軍は兵力わずか千余人、非常に手薄であったが、南越でも伏波将軍の勇名がとどろきわたっていたことと、すでに日も暮れていてその兵力が千余人にすぎないことを見破られなかったことが幸いして、城内の呂嘉の軍も、伏波将軍の陣を攻撃しようとはせず、もっぱら楼船将軍の軍と交戦した。

楼船将軍はさらに力攻を重ねて敵を焼いたので、城中の敵は、その未明ことごとく降伏した。脱出した呂嘉は、伏波将軍の軍によって捕らえられた。

こうして南越は平定されたが、その功により、伏波将軍は給料が増額されただけだが、楼船将軍は将梁侯《しょうりょう》に任ぜられた。この論功行賞の差は、楼船将軍がすぐれ、伏波将軍がおとっていたためではない。たまたま楼船将軍が尋陝・石門をおとしいれて大量の糧食を手にいれ、補給の問題をほぼ解決したのに対して、伏波将軍は補給に苦しんだという理由によるものである。

だから孫子もいっているのだ。

――智将は、敵の糧食を奪って味方の糧食にあてるように努力する。敵の一鐘《しょう》（＝鍾。秤で六斛《こく》四斗。現在の単位に換算すれば約五〇リットル）を食べるのは、味方の二十鐘分に相当し、敵の豆がらや、わら一石《せき》は、味方の二十石分に相当する。

激しい怒りがなければ敵を倒せない――敵を殺すものは怒《ど》なり

後漢《ごかん》（二五～二二〇年）のころ、班超《はんちょう》は使者となって遠く西域《せいいき》におもむいた。はるばると砂漠を旅して、ようやく鄯善《ぜんぜん》に着いた。さまよえる湖として名高いロプ・ノールの近く、楼蘭《ろうらん》の都である。貧弱な宿舎に落ちついた班超の一行三十六人は、旅愁をなぐさめるために、ささやかな宴会を開いて痛飲した。飲むほどに酔うほどに、楼蘭の礼を失した待遇が腹だたしくなってきた。

わしは後漢の使者なんだぞ、この冷遇はなんということだ。

しばらく怒りを反芻《はんすう》しているうちに、それはしだいに膨張し、やがて班超の怒りは頂点に達し、爆発した。

「今やわれわれは、はるかに遠い辺境にいる。これはひとえに、大功をたてて富貴を得ようと思ったからだ。ところが、ここに到着して数日にもなるのに、楼蘭の王は礼儀をもって迎えようともしない。これは、楼蘭の王に敵意があるからにちがいない。もしも、われわれを捕らえて匈《きょう》奴《ど》に送るようなことになると、われわれの骸骨は、この辺境に捨てられて、長い間、豺狼《さいろう》の餌食になるだろう」

班超がこう言うと、従うものは口をそろえて言った。

「今や危急存亡の時・地にあります。こうなれば、死ぬも生きるも命令に従うほかありません」

班超は言った。

「虎穴に入らずんば、虎児を得ず、だ。のるかそるかやってみよう。つまり、夜陰に乗じて、火を放って敵を攻め、しかも敵にこちらの兵力を悟られないようにすれば、敵は大恐慌をきたすに違いない。そうすれば、殲滅《せんめつ》することができるだろう。ここの敵を亡ぼせば大手柄だ」

夜半、班超は一行を率いて敵の軍営におもむいた。たまたま大風が吹いた。班超は十人の者に太鼓を持って営舎の裏手にひそませて、

「火の手があがったら、すぐさま太鼓を鳴らし、大声で叫ぶのだ」

と命じ、その他の者には大弓を持って、門をはさんでひそませた。そうしておいて班超は、風にまかせて火を放った。

火の手があがると同時に、太鼓はとどろき、喊声《かんせい》が起こり、敵兵は驚乱してことごとく焼け死んだ。

こうして班超は楼蘭を征服し、漢に服属させたのである。

これは、生涯を通じて西域経営につとめ、タクラマカン砂漠周辺のオアシス国家を次々と征服

し、漢に服属させた班超の計略であったのかもしれない。

しかし、少なくとも三十六人をもって楼蘭の兵を殺すには、激しい怒りが必要だったことだけはまちがいない。

怒りがなければ、どんな人間でも相手を殺すことはできないのだ。事業でも仕事でも同じことがいえるであろう。

だから孫子はいっている。――敵兵を殺すのは怒りである。

名将の条件は熟慮、そして断行

兵《へい》は勝《か》つを貴《たっと》ぶ
久《ひさ》しきを貴《たっと》ばず

「戦さは速勝でなければいけない、ぐずぐず長びくのはよくない」。これは〈作戦篇〉を総括する言葉として受けとめたい。だが、速ければいいというものではない。それに戦さに臨む将軍というものは民衆の生死を預かっている、いわば国家の危急存亡を一手に託された全知全能者である以上、うかつに速戦即決の挙に出てよいはずがない、という文章をつけ加えることも怠っていない。孫武という将軍は、そういう配慮を持ち合わせた軍略家であり、思想家であった。彼の政治思想にもとづく政治活動の記述が新出土・新発見資料のなかにある。その一部である〈呉問〉

という問答形式の佚文は次のようなエピソードを伝える。

斉の国の戦乱を逃れて呉の国にやってきた孫武は、伍員《ごうん》の推薦で呉王闔閭《こうりょ》に重用されていた。いずれは中原《ちゅうげん》にうって出て、全国制覇をと志す呉王は、ある日、春秋諸国の興亡帰趨の行き着くところを孫武にたずねた。

中原でまだ勢いを保つ晋国に対抗するように、南の楚国が力をつけた晋楚二強から、東南で機会をうかがっていた呉と越が台頭しだしていた新旧交代期が近づいていたころである。

「六将軍（晋国の六人の貴族）が晋国の地を分割して守っているが、どこが先に滅び、誰が勢力を伸ばすであろう？」

「范《はん》氏と中行《ちゅうこう》氏がまず滅ぶでしょう」

「その次は、誰か？」

「智《ち》氏が次ぐでしょう」

「その次は？」

「韓《かん》、魏《ぎ》です。趙《ちょう》がその故法を失わないかぎり、晋国はやがて趙によって統一されましょう」

趙の故法とは、民衆をたいせつにし、豊かにする農地制度を指していた。

「范氏と中行氏の農地制度は、一辺が八十歩、広さ百六十歩を五戸で共同作業し納税させています。狭い土地からの高税収のため将軍は豊かで、多くの士卒を養えます。そして豊かだと、主は驕慢、臣はおごり、しばしば戦さして勢力を発展させたくなり、ゆえにまず滅びます。

智氏のところは一辺が九十歩、広さにして百八十歩の単位で、五戸共同で納税します。条件は范氏、中行氏に次ぎますから、次いで滅びます。

韓と魏の農地制度は、一辺が百歩、広さで二百歩が単位で五戸による共同納税です。したがって智氏の次に滅ぶでしょう。

趙氏のところは、一辺が百二十歩、広さで二百四十歩が単位ですが、大きい土地ながら、もともと定められた税だけ納めます。将軍家は豊かでないから、養う士卒も多くない。主が倹《つつま》しく、臣またこれにならい、豊かな民衆を治めますから、穏やかなよい国となり、民衆がなつく。晋国はやがて趙氏によって統一されるでしょう」

具体的な数字にもとづく分析に、呉王は大きくうなずいた、と。

＊

さらにこういう事例もある。呉王闔閭の三年、呉王は楚の都郢《えい》に侵攻しようと左右にはかった。すると孫武が「人民が疲れきっています。まだ時機ではありません、もうしばらくのご辛抱を」とさとした。四年、六年と楚との小競り合いがつづく。九年、呉王はまたも首都侵攻を下問する。今ならどうか。孫武と伍員（子胥）が答えた。「楚の将軍が貪欲なので属国の唐と蔡が恨んでいます。もし楚を徹底的にたたきのめしたいのでしたら、唐と蔡を味方に引き込むことです」と、あくまでも慎重であった。

これこそ、名将の読みというものであろう。あとは完膚なきまでの進撃で、楚軍は五戦して五敗させられた。熟慮と果断であった。

3 謀攻篇＝相手の意図を見抜け！

百戦百勝より戦わずに勝つことを考えよ

――百戦《ひゃくせん》して百勝《ひゃくしょう》するは善《ぜん》の善《ぜん》なる者《もの》に非《あら》ず　戦わずして人の兵を屈するは善《ぜん》の善《ぜん》なる者《もの》なり

後漢《ごかん》の時代、涼州《りょうしゅう》の賊の王国《おうこく》が陳倉《ちんそう》を包囲した。陳倉は小さい城である。ただちに左将軍《さしょうぐん》の皇甫嵩《こうほすう》に、前軍の董卓《とうたく》を監督して陳倉救援におもむくことが命じられた。だが、皇甫嵩はいっこうに出撃しようとはしなかった。董卓は一刻も早く出発して陳倉におもむき、これを救おうと思ったが、皇甫嵩がどうしても許可を与えないのである。

そこで董卓は言った。

「智者は時機を失することなく、勇者は決定を留保しない、と聞いています。早く行って救うならば、陳倉の城は保つことができるでしょうが、救わなければ、城は全滅してしまうにちがいありません。そして、城を全滅させるような趨勢が、ここには渦まいているのです」

すると、皇甫嵩は言った。

「そうではない。百たび戦って百たび勝つのは、戦わないで相手を屈服させるのに遠く及ばないのだ。だから、容易に打ち負かされないような態勢を整えたうえで、敵が勝ちを奪われるような弱点を現すのを待つのが、上策といえよう。誰にも撃ち敗られるところのない態勢をつくるのはわがほうの準備であり、勝ちを奪われるような弱点を現すのは、相手方の動揺である。ところで、守備するのは戦力が不足しているからであり、攻撃するのは戦力に余裕があるからだが、余裕あるものは九天の上に活動し、不足するものは九地の下にひそむ、というではないか。なるほど、陳倉の城は小さいことは小さいが、その守備はきわめて固く、九地の下におとしいれられてはいない。王国の軍は強く、しかも救援のない城を攻撃しているが、しかし九天の勢いをもってはいない。とすれば、攻撃するほうが損害を受け、守備する側は陥落させられない、ということになるのは明らかではないか。王国は今すでに損害を受けるような態勢にあり、陳倉は陥落させられない城を保っているのだ。兵を煩わすことなく、大衆を動かすことなく、このままで完全な勝利をうるべきではないだろうか。だから、救う必要はさらにないのだ」

王国は、冬から春に至るまでの八十余日間、陳倉を包囲しつづけたが、城の守りは固く、ついに陥落させることができなかった。しかも賊軍の疲弊ははなはだしく、皇甫嵩の予見どおり、自ら包囲を解いて去って行った。

大軍を動かすのに要する厖大《ぼうだい》な費用と、それに死傷者の増加が加わる不経済を考えるならば、まさに皇甫嵩の言うとおり、戦って勝つということは、戦わないで相手を屈服させることには、はるかに及ばない。戦いは勝つべきであることはいうまでもないが、それは小さければ小さいほどよく、戦わないですむことが一番いいのだ。

だから孫子もいっている。——百たび戦って百たび勝つのは、最善ではない。戦わないで相手を屈服させることこそ、最善なのだ。

交戦する前に敵の陰謀を砕け

上兵《じょうへい》は謀《はかりごと》を伐《う》つ
その次《つぎ》は交《まじ》わりを伐つ
その次は兵を伐つ……

最上の戦争は、敵の陰謀を事前に砕くことなのだ。孫子によれば、陰謀を砕いて戦争をできないようにすることが、一番。敵軍を撃ち破るなどということは、重要度では、三番目くらいでしかない。

趙《ちょう》の恵文王《けいぶんおう》の時代に、藺相如《りんしょうじょ》という男がいた。はじめ身分がひくかったが、将軍廉頗《れんぱ》のひきたてで、王に仕え、秦《しん》の昭《しょう》王との難しい外交交渉で功績をあげ、上卿に出世した。

廉頗将軍よりも、位が上になったのである。廉頗が不愉快に思ったのは当然であろう。

「おれは城攻めでも、野戦でも、ずいぶん功績をあげた。それなのに藺相如は口先だけで、おれよりも偉くなった。それに、あいつは、もともと卑賤の出身。あいつの下につくかと思うと、考えただけで身ぶるいがする。今度、相如に会ったら、きっと恥をかかしてやる」

と宣言した。

相如の耳にも、これが聞こえてきた。彼はそれ以来、廉頗に会わないように心がけ、外出先ではるかかなたに廉頗を見かけただけでも、逃げ隠れた。部下たちは、こういう相如にあきれはて、暇をくれと申し出た。

相如は言った。

「廉《れん》将軍と秦《しん》王とどちらが恐ろしいか」

「もちろん秦王です」

「それでは、その秦王が、わが国を攻めないのはなぜだと思うか」

「……」

「わが国に、私という男と、廉頗というすぐれた将軍がいるからだ。廉頗と私がもし争うようになれば、二人とも、たおれるまで闘うだろう。そうなったら、秦はどうすると思う？」

相如のこの言葉のなかに、孫子のいう「上兵は謀を伐つ」の精神がこめられている。攻めたくても、攻めることのできない状況をつくることが、やがて勝利につながるのである。

廉将軍は、相如の言葉を人伝《ひとづ》てに聞くと、大いに恥じ、相如に謝り、ついに仲直りした。

その年、廉頗は、斉を攻めて、その一軍を破り、それから二年後、再び斉を攻めて勝った。藺相如もまた、やがて軍を率いて斉を攻め、平邑《へいゆう》（山東省）まで攻めこむのである。

孫子はいう。

――最上の戦争は敵の陰謀を破ることであり、その次は敵と連合国との外交関係を破ることであり、その次は敵の軍を伐つことであり、もっともまずいのは、敵の城を攻めることである。

勝ち目がない時は素早く身を引け
——小敵の堅《かたき》は大敵の擒《とりこ》なり

衛《えい》の霊公《れいこう》には寵姫《ちょうき》があって、その名を南子《なんし》といった。太子の蕢聵《かいかい》は南子と仲が悪く、そのため南子を殺そうとして失敗し、逆に殺されることを恐れて出奔した。

霊公が死ぬと、蕢聵の子の輒《ちょう》が立って位についた。出公《しゅっこう》である。だが蕢聵は、国に帰って即位したいと望んでいた。

蕢聵には姉がいて伯姫《はくき》といったが、大臣の孔圉《こうぎょ》に嫁いで悝《かい》を生んだ。孔圉が死ぬと、伯姫は孔氏の給仕役の渾良夫《こんりょうふ》と密通した。伯姫は、宿《せき》に住んでいた蕢聵のもとに渾良夫をつかわした。

蕢聵は渾良夫に言った。

「もし、私を都に入れて即位させてくれるなら、そのお礼に君を大臣にしてやろう。三度死罪を犯しても、許してやろう」

二人は誓いあった。蕢聵は、渾良夫が伯姫を妻とすることも許した。

やがて渾良夫は蕢聵を都に導き入れ、たそがれのころ、女装して孔悝《こうかい》の邸に入った。家老の欒《らん》甯《ねい》が姓名を問うと、親戚の妾の名を言ってごまかした。二人を迎えた伯姫は、孔悝を脅迫して加担することを誓わせた。四人は腹心の者とともに甲冑をつけ、台に登って群臣を召集した。

欒甯は反乱が起こったと聞いて、孔悝の所領の代官をしていた孔子《こうし》の弟子の子路《しろ》に知らせた。また大臣の召護《しょうご》らを呼んで、出公を魯に逃げさせた。

子路は知らせを聞いて、急いで都に馳《は》せつけたが、そこで出奔しようとしている、衛の大臣で同じく孔子の弟子である子羔《しこう》に出会った。子羔が言った。

「門はすでにしまっている。行っても入れないだろう」

子路が言った。

「入れなくても、とにかく門まで行って様子を見よう」

子羔が言った。

「出公もすでに出奔されたのだ、君も引き返したほうがいいぞ。行ってむざむざと禍いを受けるのはつまらんじゃないか」

子路が言った。

「僕は孔悝から給料をもらっている。その孔悝がおびやかされている以上、黙ってはいられない」

子羔はついに出奔した。子路は城門まで行った。すると、大臣の公孫敢《こうそんかん》が門を守っていた。

「入るな。入ってもムダだ」

子路が言った。

「おお、公孫敢だな。利を求めて難を避けるのが人情だが、この子路は違うぞ。僕は孔悝から給料をもらっているのだから、孔悝の難儀を救わなければならないのだ」

たまたま使者が城に入ろうとして、門が開いた。その機会に、子路は城内に入ることができた。

孔悝は、蕢聵とともに台に登っていた。子路は、まず台上に向かって叫んだ。

「太子に申しあげます。孔悝を捕らえられても無益ですぞ。たとえ太子が孔悝を殺されたとしても、孔氏の一族には、その跡を継ぐものがたくさんいるのです」

それから、台下の群臣に向かって叫んだ。

「太子は勇気がないのだ、この台を焼けば、きっと孔悝を許されるだろう」

蕢聵は、それを聞いて恐れた。そこで腹心の石乞《せきこつ》と壺黶《こえん》とを台からおろし、子路を襲撃させた。

二人は子路に斬りかかり、その冠の結びひもを切った。すると、子路は言った。

「君子《くんし》というものは、死ぬ時でも冠を脱がぬものだ」

そして、冠のひもを結んで死んだ。死ぬ時も、孔子の教えを守ったのである。

孔子は、衛に反乱が起こったと聞いて、言った。

「ああ、子羔は脱出してくるだろう。子路は死ぬだろう」

孔子は、勝ちめがなければがんばらない子羔の性格も、勝ちめがなくてもがんばってしまう子路の性格も、ちゃんと見抜いていたのだ。そして、勝ちめがない時にがんばるならば、ついには死に至るであろうことも知っていたのだ。

だから孫子はいっている。

――小数の兵をもって大軍に当たり、断固としてあくまでも戦いつづけるならば、ついには大軍の虜《とりこ》になる。

トップの人選をあやまると組織を滅ぼす――三軍惑いかつ疑えば則《すなわ》ち諸侯の難至る これ軍を乱して勝を引くという

趙《ちょう》の孝成《こうせい》王の七年、秦《しん》の軍は上党《じょうとう》を落とし、長平《ちょうへい》において趙の軍と相対峙した。趙は廉頗《れんぱ》を将として秦の軍を防がせたが、たまたま軍中に事故多く、秦のためにしばしば破られた。そこで廉頗は防壁を固くしてひたすら守り、出て交戦することを避けた。秦の兵は強いから軽々しく戦うことは不利であり、かつ、秦の軍ははるばると遠征してきていて、長くはとどまっていられないから、いつかは引きあげるにちがいなく、その引きあげの時に攻撃して一挙に粉砕しようと考えたのである。秦はしばしば戦いをいどんだが、廉頗は応戦しようとしなかった。急戦を望んだ秦の軍は、間諜《かんちょう》（スパイ）を潜入させて流言を放った。

「秦が恐れているのは、馬服君《ばふくくん》趙奢《ちょうしゃ》の子趙括《ちょうかつ》が将軍に任命されることだ。廉頗は年をとって臆病になった。間もなく秦に降伏するだろう。廉頗なら問題はない」

趙王はそれを信じ、趙括を将に任じて廉頗と交替させようとした。藺相如《りんしょうじょ》は、

「名声だけで趙括を用いられるのは、柱を膠《にかわ》づけして琴をひくようなものです。趙括はただ父親が書き残したものを読めるだけで、変化に応じて動くことを知りません」

と忠告したが、趙王は耳をかさず、ついに趙括を将軍に任命した。

趙括は少年のころから兵法を学び、軍事を論じた。天下に自分にかなうような者はいまいとも考えていた。かつて父親の趙奢と軍事を論じたが、趙奢にはその論に非難すべき点を見つけることが、できなかった。しかし、「よし」とも言わなかった。妻がそのわけをたずねると、趙奢は言った。

「戦いとは命がけの情況に身を置くことだ。ところが括は軽々しくこれを論じている。趙の国が括を将軍にしなければそれでいいが、もし、将軍にするようだったら、きっと括が趙の軍を敗北させてしまうだろう」

趙括は、いわゆる机上の秀才だったのである。

さて趙括が出発しようとすると、その母が王に手紙を書いて、趙括を将軍にしてはならない、

といった。王がわけをたずねると、その母は言った。

「夫の在世中、夫は将軍でありましたが、自ら食事をすすめるほどの者は数十人、友人としてつきあう者は数百人にも及びました。大王や宗室から恩賞をたまわれば、すべて部下に分け与えておりました。出陣の命を受けた日には、家事に口出しもしませんでした。ところが括が将軍となりましても、誰一人これを仰ぎ見ようとする部下もありません。王からたまわった金帛はすべてしまいこみ、日ごろ都合のいい土地が見つかれば、せっせと買いこんでおります。その父と比べてみて、どうお考えになりますか。父と子では心構えがまったく違っているのです。ですから、どうか括を派遣するのはおみあわせください」

「もう言うな。わしは決めてしまったのだ」

「どうしても派遣なさるのであれば、失敗しても、私が連座することのないようにしていただけましょうか」

王は許した。

趙括は廉頗に代わると、廉頗がとりきめた約束をことごとく改め、部将を更迭《こうてつ》して自分が連れてきた将を部署につけた。そのうえで、趙括は全軍に命令した。

「秦の軍がきたら、各自勇気をふるって功を争え。機会があれば追撃し、秦の兵を一騎たりとも帰さないようにつとめよ」

やがて趙括は、出撃して決戦を試みた。秦の軍は敗走した。趙括は大いに喜び、自ら大軍を率いて追撃した。

「秦の者はよくいつわります。この敗走も信用できません。追撃しないほうがよろしいでしょう」

そう忠告する者もあったが趙括は聞かず、勝ちに乗じて追撃し、ついに秦の軍の防壁にまで迫った。しかし、防壁は堅固で突入することができない。そこへ突然、二つの間道から二万五千の秦の奇兵が現れて後備軍との間を絶ち、さらに秦は五千騎の奇兵を放って、趙の防壁との間を絶った。

趙の軍は二つに分断され、すでに帰ることもできなくなった趙括は、水のある場所を選んで露営したが、その場に包囲されること四十六日。糧道も絶たれて、兵士は互いに殺しあって食べあうほどになった。憤激した趙括は、精鋭五千をひきいて包囲網突破を試みたが、かえって秦の軍に射殺されてしまった。

かくして趙の軍は大いに敗れ、ついに数十万の軍兵が秦に降《くだ》ったが、秦はそれをことごとく穴うめにしてしまった。この長平の戦闘において、趙はおよそ四十五万の兵を失ったという。将軍たるべきでないものが将軍になった時、どれほどの被害をもたらすか、これがはっきり示しているといえるだろう。

だから孫子はいうのだ。

――進むべきでないことを知らずに軍に進めと命じ、退却すべきでないことを知らずに軍に退却を命ずるのを、軍を拘束するという。軍隊の事情を知らずに軍事行政を一手に行なえば、兵士は迷う。軍隊の変化を知らずに指揮を一手に収めれば、兵士は疑う。軍隊が迷いかつ疑えば、諸侯の軍に攻撃されて国難が及ぶ。これを、軍を乱し勝利を奪うというのである。

戦うべきか否かをまず見極めよ――彼を知り己を知る者は百戦危うからず

おそらく孫子の言葉として、もっとも人口に膾炙《かいしや》しているのが「彼を知り、己《おのれ》を知る者は、百戦危うからず」の一句ではあるまいか。兵法を知らない君主が口出しすることによって兵が混乱する〝負け〟の道理を三項目あげ、次に〝勝ち〟を予見できる五つのことを列記してこのことば「……百戦あやうからず……」と結論する。

負けの道理――進んではいけないこともわからずに進めといい、退いてはならないとも知らずに退却を命じて、軍の動きをしばる。三軍の内情もわからずに軍政にまで手をのばして、兵士たちを困惑させる。軍にはれっきとした命令系統が確立しているのに、それを無視して直接指揮をとろうとすれば、兵士たちは命令を疑うようになる。ここでは軍政・軍令は全権を将軍に委《ゆだ》ねるべきで、いたずらに混乱をまねく君主は、勝利からも見放されるといい、明君と賢将の呼吸がぴったり合わなければ勝てる道理のないことを強調している。私たちの身近かにも似たような言葉がいくつか転がっている。たとえば「カネも出すし口も出す」「カネは出さないが口は出す」など、一見、クールで現代風に洗練されたもののように一般に受けとめられたりするのだが、縛り、惑わし、疑いの目を持った現場がはたして納得するのだろうか。

さて、孫子は一転して〝勝ち〟を予見する五項目をあげる。

「戦うべきと戦わざるべきとを知る者は勝つ」——

①戦ってよい時と、いけない時を、はっきりとわきまえよ。

②大部隊でも、小人数でも、それぞれに生かし方（用兵）がある。

③上下が心を一つにして戦え。

④準備万端整えて、準備を怠っている敵の隙を衝《つ》け。

⑤有能な将軍がいて、君主が干渉しないこと。

この五項は、戦さに臨む、そして〝勝つ〟ためのルールと解してよいだろう。そして、その第一項で、可ならば進め、否ならば止まれ、とまず見極めることの大事さをあげているわけだ。

4 軍形篇＝声を殺して準備せよ！

上策も実行できなければ意味がない——勝つことは知るべくして為《な》すべからず

唐の則天武后《ぶこう》のはじめ、徐敬業《じょけいぎょう》が江都《こうと》に兵を挙げ、王家を回復するのだと称した。徐敬業は、盩厔《ちゅうしつ》の尉《い》、魏思恭《ぎしきょう》を参謀に任じて、その策をたずねた。

魏思恭はいった。

「ご主君は、武后が幼少の君を幽閉したことから、王家回復を志されました。戦いは拙速を貴びます。ただちに淮北《わいほく》を渡り、自ら大兵を率いてそのまま東都に入られるべきです。山東《さんとう》の将兵は、ご主君に勤王の志のあることを知れば、必ず死を覚悟して従軍するに違いありません。そうすれば、日を指し、時を刻むごとく、天下は必ず定まりましょう」

徐敬業はその策に従おうとした。

すると、薛璋《せつしょう》が口をはさんだ。

「金陵《きんりょう》の地には、王の気配が早くから現れています。ですから、即刻これに応ずべきでありましょう。しかも当地は、大江の険が天然の要塞となっていて、自らを固めるには十分であります。どうかまず、常《じょう》・潤《じゅん》等の州を攻め取って王覇の業を営まれ、そのうえで兵を率いて北上し、大いに前進していただきたいと存じます。そうすれば、退いても帰るところがあり、進めばことごとくわがほうの利益となります。実に良策ではありませんか」

徐敬業は「なるほど」と思い、自ら兵四千人を率いて南渡し、潤州を攻撃した。

魏思恭は、それを見てひそかに杜求仁《ときゅうじん》にささやいた。

「兵の勢いというものは、統合すべきであって分散すべきではない。今、徐敬業は力を合わせ、淮河を渡り、山東の兵を率いて洛陽に入るべきことを知らず、南のほう、潤州（現在名は鎮江）を攻撃したが、こういうことでは、きっとことは成功しないだろう」

果たして、徐敬業は敗られてしまった。

すべて戦いというものは、緊密なチームワークの上に成立する。

たとえ、必ず勝てるという良策があっても、チームの全員がその策の意図するところを十分に把握し、その策の忠実な実現をはかるようにチームワークを組まなければ、勝利はもちろんおぼつかない。

まして、チームがその策を採用しないのであれば、当然のことながら、勝てるわけはないのである。

だから孫子はいう。――勝つ方法を知ることはできるが、それをそのまま実行できるとはかぎらない。

攻める者は勝ち、守る者は負ける

勝つべからざる者は守ればなり　勝つべき者は攻むればなり

消費者は王様だという。企業は消費者の求めるものを造って、その満足料をもらっているのだという。だとすれば、消費者の求めているものを造ってさえいれば、製品はなんの苦もなく売れるだろう。そのはずである。

ところが消費者は千差万別であって、たとえばAはセダンの乗用車を求め、Bは1BOXカーを求め、Cはミニバンを求め……といった具合に、製品はちょうど消費者の数だけ細分化されることになり、企業は一品種で消費者を満足させる製品など造ることはできはしないのだ。

かつてフォードは、消費者の要求を完全に取り入れた自動車、エドセルを造った。ところがこれが不評で、全然売れない。多くの消費者の要求を平均化したようなモデルを造っても、個々の消費者が満足できないのは当然のことだろう。

かくして、消費者が求めるものを造れば必ず売れるというセオリーは崩れ、企業はおのれが造りたいものだけを造ることになる。しかも、市場の法則によって最適規模におさえられるはずであったものが、技術革新とスケール・メリットを狙った設備増強によって製品は遮二無二押し出されてくるのだから、利潤追求を最高のテーゼとする企業としては、何がなんでも製品を売りさばかなければならなくなる。

かくして産業社会を支えるものは販売であるという奇妙な論理が成立し、販売のセオリーが研究され、消費者は王様だという神話を造り出して消費者の心理をくすぐり、その隙《すき》につけこんで製品を押しこむことになった。フォード・エドセルの事例は、自らが造り出した神話に自ら惑わされた滑稽な悲劇なのだ。

もちろん、消費者は決して王様ではない。企業が、オレが求めていたものはこれだと思いこませることによって、消費者を王様にまつりあげたにすぎない。企業が勝手に造りあげた既成（できあい）の欲求を自らの内発的なものだと錯覚することによって抱かされた、幻想にすぎない。あるいは、オレは王様ではないと思っている間は、企業からの既成の欲求を自らのものとして受け入れないですむかもしれないが、守るだけでは決して勝てないのだ。企業が誠実に、相手の立場に立ってよいアイデアを出し、スマートに繰り返し攻撃を加えることによって、消費者はついには敗れ、王様だと思うようになってしまうだろう。

孫子はいっている。

――勝つ方法を知ることはできるが、それをそのまま実行できるとはかぎらない。勝てないのは、守るだけだからだ。勝てるのは、攻めるからだ。守るものは劣り、攻めるものは優る。

自分のほんとうの力は隠しておけ——よく守る者は九地の下に蔵《かく》れ　よく攻むる者は九天の上に動く……

攻撃は、いったんはじめたら、徹底的でなければならない。そういう攻撃をはじめるのは、いつか。

孫子によれば、十分な余裕ができてからである。

趙《ちょう》の北辺を守る将軍に李牧《りぼく》という男がいた。匈奴が攻めてくると、烽火《のろし》をあげて合図し、住民も兵士も家財を持って城の中に逃げこませ、戦うのを避けさせた。兵士たちは、戦おうとしない将軍李牧を、臆病だと思った。

趙王も李牧を責め、代わりの将軍を派遣した。その将軍は、大いに戦ったが、失うところも多く、辺境の民は、農耕牧蓄にしたがうことさえできなくなった。

再び李牧が任ぜられた。李牧はあいかわらず、匈奴と戦わず、匈奴はついに李牧をほんとうの臆病者と思うようになった。

李牧は、数年の間、兵士たちをただ訓練するだけで、実戦には使わなかった。兵士たちは、みな一戦を願った。そこで、兵車一千三百台、騎馬三千頭、功労のあった勇士五万人、弓の名手十万人を配して、大演習を行なった。これほどの力を持ちながらも、匈奴の小部隊が侵入してくると、戦わずに城に逃げた。

匈奴の王単于《ぜんう》は、この話を聞くと、大軍を率いて一気に李牧の軍を滅ぼそうと出撃してきた。

李牧は多くの奇陣を配置し、左右の翼を張り、攻撃して、匈奴の十万余騎を殺し、ついに単于を敗走させた。

この戦いで、匈奴のいくつかの種族は滅ぼされたり、あるいは全面降伏した。

その後十余年間、匈奴は、あえて趙の辺域には近づかなかった。

孫子が、――守備の上手な人は、大地の底の底にひそみ隠れ、攻撃の上手な人は天界の上の上で行動する（その態勢をあらわさない）――といったのは、李牧のような将軍のことを指すにちがいない。

守備をするのは、戦力が足りないからだと孫子はいっている。李牧は、一兵も損うことなく、兵士たちを温存し、さらに訓練し、強化し、ついには一戦を自発的に願うまでに、兵を育てあげた。民衆もまた、家財を失うことなく、生産に従事しえた。兵も民も、力が充実した。

しかし、その真の力は、匈奴の王単于には隠されていた。すなわち、天界の上の上の行動である。

単于の大軍が出撃した時、李牧は、にわかに真の力を地上にあらわして、これを崩壊させたのである。

目に映るものの裏まで洞察せよ

秋毫《しゅうごう》を挙ぐるは多力と為《な》さず
日月を見るは明目と為さず
雷霆《らいてい》を聞くは聡耳《そうじ》と為さず……

荊軻《けいか》は衛《えい》の人である。祖先は斉《せい》の人であったが、衛に移住したのだ。衛の人は荊軻を慶卿《けいけい》と呼んだ。それから燕《えん》に移った。燕の人は荊卿と呼んだ。荊軻は読書撃剣を好み、術をもって衛の元君に説いたが、元君は用いようとしなかった。

荊軻はかつて楡次《ゆじ》を通りすぎ、蓋聶《こうじょう》と剣について論じあった。蓋聶が怒ってにらみつけると、荊軻は出て行ってしまった。人々は、また荊軻を呼べと言ったが、蓋聶はこう語った。

「さっき剣について議論したが、おかしなことを言うものだから、にらみつけてやったのだ。行ってみろよ、もう立ち去ってしまっているだろう。そこらへんにいるものか」

使いをやってみると、果たして荊軻はすでに車に乗って楡次を立ち去ったあとだった。

邯鄲《かんたん》に遊んだ時、荊軻は魯勾践《ろこうせん》とスゴロクをして、そのやり方について言い争った。魯勾践が怒って怒鳴りつけると、荊軻は黙って逃げ出し、ついに二度と会わなかった。

燕に入ると、荊軻は筑《ちく》（十三弦の中国古代楽器）をよくうつ高漸離《こうぜんり》を愛し、「犬殺し」（食肉卸を主目的に野犬を狩り屠《ほふ》る）田光とつきあった。荊軻は酒を好み毎日、高漸離とともに燕の市で飲んだ。酒がたけなわになると、高漸離は筑をうち、荊軻はそれに合わせて歌い、相楽しんだかと思うと互いに泣きあって、傍若無人のありさまであった。

その後、燕の太子丹《たん》のたっての懇望をいれて、荊軻は秦《しん》王刺殺の任を引き受けた。田光は自ら首をはねて、荊軻を励ました。しかし、秦王を刺殺するためには、まず秦王を信用させて面会しなければならない。荊軻は、秦がその首に金千斤と一万戸の村という賞をかけて追っている、かつての秦将樊於期《はんおき》をひそかにたずねた。その首を持参して、秦王を信用させようというのである。樊於期は荊軻の話を聞き終わると、即座に自らその首をはねた。樊於期の首を手に入れた荊軻は、ひとふりの短剣を隠し持ち、

風は蕭々《しょう》として易水《えきすい》寒し
壮士《そうし》ひとたび去ってまた還《かえ》らず

と歌って易水を渡り、秦の国におもむいた。

だが果たして、荊軻は再び帰ってはこなかった。単身秦の宮廷に乗り込んだ荊軻は、その袖をとらえながら、あと一歩のところで秦王の刺殺に失敗したのである。荊軻は身に八ヵ所の傷を受けて殺されたが、殺されるにあたってののしった。

「仕損じたのは、生かしたままおびやかし、侵略した土地を返させようとしたからだ」

秦王は長い間顔蒼ざめていた。

その後、天下を統一して秦王は始皇帝と号するようになったが、始皇帝は筑をうつことを愛す高漸離の目をつぶして側近においた。高漸離は筑に鉛を入れて始皇帝を撃ったが、当たらなかった。始皇帝は、ついに高漸離を殺した。

魯勾践は、荊軻が秦王を刺そうとしたことを聞いて、ひそかにいった。

「ああ、惜しいことだ。荊軻が短剣の術を習得していなかったとは。それにしても、おれに人を見る目のないことの、なんというはなはだしさだ。以前おれが怒鳴った時、荊軻はきっと、おれを人間なみにつきあえぬやつだ、と思ったことだろう」

荊軻の人柄を洞察できなかった魯勾践の口惜しさは、いかばかりであったろう。夜な夜な目をさまし、歯がみして髪かきむしり、身の置きどころにも苦しむ、ほとんど絶望的なものであったにちがいない。ともあれ、荊軻や高漸離や田光が、互いにその人間を洞察しあったのに対して、蓋聶や魯勾践は、単に荊軻の形を見たにすぎないのだ。

だから孫子はいう。——秋に生えるかぼそい毛を持ちあげたからといって、力持ちとはいえない。日月が見えたからといって、目が鋭いとはいえない。雷のとどろきが聞こえたからといって、耳が聡《さと》いとはいえない。

人は、形の奥にあるものを洞察しなければならないのだ。

成算のない戦いはいどむな

勝兵はまず勝ちて後《のち》に戦いを求め　敗兵はまず戦いて後に勝ちを求む

春秋・戦国の乱世から数えて八百年ほど下った時代、中国は唐の高祖によってとにかく統一国家としての安定期に入る（紀元七～十世紀）。玄奘《げんじょう》の西遊、則天武后《そくてんぶこう》の出現、李白、杜甫、白楽天ら文人の輩出と、文化が花ひらいた時期であったという一面が強調されて私たちには伝えられている。

しかし、そこに至るまでのプロセスでは、東夷《とうい》、西戎《せいじゅう》、北狄《ほくてき》、南蛮とめまぐるしく戦いつづけ、やっとかちとった平和には、それ相当の代償を払ったことは想像にかたくない。

唐の高祖に重用された武人に、李靖《りせい》がいる。行軍総督に任ぜられ、刑部尚書を授けられ、西海道行軍大総管に起用され、零露《れいろ》に齢《よわい》を重ね（露《つゆ》のしたたる野営の軍の生活を長年つとめ）てのちに衛国公に封ぜられた李靖は、その履歴にふさわしく兵法に長じていた。

その彼のいわく——一軍の総指揮官たるものは、情勢を明察できて、人の和をはかり、深謀にしてかつ遠慮あり、天の時（チャンス）を審《つまびら》かにし、人としての道をふりかえれるものでなければならない。もしそれができないとすれば、変に遭い機に臨んで敵と相対することなどできようはずはない。行軍はいっこうに進まず、いたずらに右顧左眄《うこさべん》するばかりで、策の出しようもなく、あれだこれだとまごつくばかりで隊伍は乱れに乱れる。それはまるで、草を蒼々とさせようとして熱湯に放りこんだり、たいせつな財産である牛や羊を虎や狼に食わせに追いたてるのと、ちっとも変わりはない。

六世紀の後半、アルタイ山麓に起こって、モンゴル、中央アジアの草原に、大遊牧帝国を築いた突厥《とっけつ》を破り、下っては、山西チャハールの遊牧民吐谷渾《とよくこん》を平定した大将軍にふさわしい言である。

とにかく、戦いに突入してしまい、あとから勝利の方策をさぐることの愚を、こういましめている。

ちなみに、李靖の言行は『李衛公問対』にまとめられて、代表的な兵法書の一つに数えられている。

また、同じく孫子・呉子と並ぶ兵法書『尉繚子《うつりようし》』も、これについて断言している――戦いに必ず勝てるのでなければ、軽々しく「戦う」などというな。攻めて必ず落城させられるのでなければ、軽々しく「攻める」などというな。

イチかバチか、成算もないのに軽はずみに兵を挙げるものではないとは、中国の兵法家が等しく口にすることのようである。

幹部は率先して身を正せ

よく兵を用いる者は道を修めて法を保つ 故によく勝敗の政を為す

将軍李広《りこう》は隴西《ろうせい》郡成紀《せいき》県の人である。その祖先は李信《りしん》といい、秦の時代に将軍となり、燕の太子丹《たん》を追跡して捕らえた人物である。李広の家は、代々弓術を伝えていた。漢《かん》の文帝《ぶんてい》の十四年、匈奴《きょうど》が大挙して蕭関《しょうかん》に侵入した時、李広は従軍して匈奴を撃った。馬の上から弓を射るのにすぐれ、多くの敵を殺し、あるいは捕虜にした。それで、文帝は李広を嘉《よみ》して言った。

「惜しいことだ。そなたが高祖皇帝の時代に生まれあわせていたなら、問題なく万戸侯ぐらいになれていたろうに」

景帝《けいてい》の中《なか》の六年、匈奴が大挙して上郡《じょうぐん》に侵入した。景帝は万一を慮って、自ら寵愛する宦官《かんがん》に李広をつけて保護させた。

ある日、李広が百騎ばかりを率いてその宦官を守っていると、数千騎もの匈奴がいるのが見えた。匈奴の兵は李広らを見て囮《おとり》と思ったのか、山に登って陣を布いた。李広の率いる百騎も驚いて、馳せ帰ろうとした。

すると李広が言った。

「われわれは本隊から数十里も離れているのだ。こんな状態で、百騎ばかりで逃げ出せば、匈奴に後ろから射かけられて、たちまち全滅してしまうだろう。だが、じっとしておれば、匈奴は本隊の囮だと思って、攻撃してはこまい」

李広は百騎を率いて進み、匈奴の陣の二里ほど手前で停止すると、馬からおりて鞍を解くように命じた。兵が恐れると、李広は、

「あいつらは、われわれが逃げ出すと思っている。だから、鞍を解いて逃げようとしないところを見せ、いよいよ囮だと思いこませるのだ」

と言った。はたして匈奴の兵は攻撃することなく立ち去った。李広は兵法にも長じていたのである。

李広は清廉であった。恩賞が下賜されれば兵士に分け与えた。飲食も兵士とともにした。李広が死んだ時、四十余年もの間二千石の禄をもらっていたのに、家にはほとんど蓄えがなかった。財産のことを口にしたことはついぞなかった。

だから同僚の将軍程不識《ていふしき》はこう言った。

「李広の軍は格式ばっていない。兵士を楽しませているから、みな喜んで李広のために死のうとしている」

匈奴は李広の智略を恐れ、兵士もまた李広に従うことを喜んだ。

武帝《ぶてい》の元狩《げんしゅ》四年、李広は大将軍衛青《えいせい》に従って匈奴を攻撃した。たまたま道を失い、大将軍に遅れて戦闘に間にあわなかった。大将軍はそれを責め、記録係を李広のもとに派遣して報告をとらせようとした。すると李広は、

「将校たちに罪はない。わしが自分で道を見失ったのだ、自分で報告をつくる」

と言い、さらに部下に向かって、

「元服以来、匈奴と大小七十回あまりも戦ってきた。このたび、幸いにも大将軍に従って出征し、単于《ぜんう》の兵と対するところとなった。ところが、回り道をすることになって、道に迷ってしまった。天命といわなければならない」

と言うと、ついに自分で首を斬った。道に迷った責任をとり、法のきまりを明らかにしたのだ。李広の軍は、一人残らず声をあげて泣いた。国民も、それを聞いて李広のために涙を流した。同じく道に迷った右将軍趙《ちょう》食其《いき》は、その罪によって死刑に処せられるはずであったが、金で償って平民の籍に下った。

李広のごとき将軍こそ、孫子のいう「よく兵を用いるものは、身をいさぎよくして法を守る」者であろう。

戦争をも含めて、あらゆるものは人間の倫理の上に載っかっているのだ。

戦いには「ものさし」と「はかり」が必要だ

勝兵は　鎰《いつ》を以《もっ》て銖《しゅ》を称《はか》るが如《ごと》く　敗兵は　銖を以て鎰を称るが如し

銖《しゅ》も鎰《いつ》も黄金の重さの単位。百粒の黍《きび》の重さが一銖《しゅ》で、一銖の四百八十倍の重さが一鎰《いつ》。勝利する軍隊と、敗ける軍隊とを、秤《はかり》にかければ、当然、目方の重い（優勢な）ほうが、勝つに決まっている、という意味である。

孫子は、兵法にも、「ものさし」や「はかり」を使うことが必要だといっている。たとえば、戦場の土地の広さや距離をはかり、そこに投入すべき物量を計算し、動員すべき兵の数を決め、さらに敵・味方の能力をみて、勝敗の結末を計算する、つまり数学の必要性を説いている。この結果、はじめて十分な勝算を持てるのだ。

秦王政《せい》（のちの始皇帝）が荊と戦っていたころのことだが、彼は、荊を攻め取りたいと考え、将軍李信《りしん》に、「どのくらいの人数があれば足りるか」と問うた。李信というのは、たいへん勇壮な軍人で、その戦歴の中には、わずか数千の兵で燕《えん》の太子丹《たん》を追跡し、衍《えん》水という川の流れの中で、丹を生け捕りにしたことさえあった。

李信は答えた。

「まあ、二十万人でしょうか」

秦王は、王翦《おうせん》という将軍にも同じことを問うた。

「六十万人は、どうしても必要です」

王翦《おうせん》は、かつて、趙《ちょう》王を降伏させ、趙の国をことごとく平定し、次には燕《えん》を攻め、国都の薊《けい》を平定した。

すなわち、老練の宿将だった。

秦王は二人の将軍の答を聞いて、言った。

「王将軍は老いた。臆病なことよ。李将軍は勇壮だ」

かくて、秦王は、李信と蒙恬《もうてん》に二十万人の兵を与え、二人は大いに荊軍を破った。しかし、二人の軍勢が、西進して、城父《じょうほ》に至った時、反撃に転じた荊軍の三日三晩にわたる攻撃で、大敗北を喫してしまった。

王翦が代わって出撃した。六十万の軍勢がくると聞いて、荊は国中の兵を動員し、秦を防ぎとめようとした。

王翦は到着すると、塁壁を固め、守る一方で戦おうとしなかった。兵士たちはたっぷり休養した。ある日、王翦は味方の陣中に人をやって兵士たちがどんな遊びをしているか調べさせた。

「石を投げたり、跳んだりはねたりしています」

という答だった。

王翦は「よし」と言った。

彼は、兵士たちが心身ともにすこやかなのを確認したのだ。いくど挑戦しても戦おうとしない秦軍を見て、荊軍が引きあげはじめた時、王翦ははじめて出撃を命じた。

一年余で、荊は秦に平定された。

ダムの水は無限のエネルギーを秘める

勝者の　民を戦わしむるや　積水《せきすい》を千仞《せんじん》の谿《たに》に決するが若《ごと》きは　形なり

この一節は、『孫子』第四章にあたる〈形篇〉あるいは〈軍形篇〉の総括である。

「形」という言葉は、ひと口に言って態勢ということだが、これはまた目に見える形ばかりをいったものではない。

「善《よ》く守る者は九地の下に蔵《かく》れ、善く攻むる者は九天の上に動く」というように、目に見えない形をも含む。というより、この目に見えない形、無形の形にこそ比重がかかっている。

そして、無形の形とは、固定した、静的な形ではなく、無限の変化を内に秘めた動的な形である。孫子が、〈虚実篇〉で「兵を形《あらわ》すの極は、無形に至る」といい、「夫《そ》れ兵の形は水に象《かたど》る」といったのもこのことである。

水は、それを容れるもの次第で、丸くもなれば四角にもなる。丸い容器に入った水の形は丸いが、四角の容器に移せば、そのとたん四角になる。そのように変幻自在なものが水の形である。

碁の定石《じょうせき》とはどんなものか。無数の実践のなかから生まれた無数の定石があり、今後もなお無数に生まれる可能性がある。定石もまたそれぞれ一定の形を持ちながら、同時に次の一手に無限の変化を秘めている。初心者が覚えたての定石を使って惨敗を喫するのは、目に見える形にばかりこだわって、その形が内に秘めている飛躍の妙を知らないからだ。淡々と置かれた石が、いつの間にか巨大な壁となり、抗《あらが》いようもない力をもって一挙にのしかかってくる。攻めかかられるほうにとってみれば、それはあっという間もないできごとであり、気がついた時には負けている。

――戦いに勝つ者の用兵は、言ってみれば満々とたたえた水を、千仞の谷に切って落とすようなものだ。これこそ用兵の形というものである――

というのが、まさにこのことである。

堰堤にたたえられた水は動かない。静の状態にある。決戦をひかえて満を持している軍隊がこれである。その軍隊は猛烈な破壊力を内に秘めながら、一見悠然と休養をとっている。指揮官たる者の仕事は、配下の軍隊をその状態にまで持っていくことだ。あとは敵の虚を突いて、突撃の命令を下すだけ。この軍隊が静から動へ移った瞬間、それはすさまじい力が発揮される。

そうした、動への転機をはらんだ静、その静の状態を「形」という。したがって「形」―静―のあとにくるのは動―「勢」―である。『孫子』は第五章を〈勢篇〉として、実戦の用兵法へと移っていく。

5 勢篇＝相手の隙《すき》に乗じる！

充実した軍で敵の隙を衝《つ》け

兵の加わる所　碬《たん》を以て卵に投ずるが如くなるものは虚実これなり

碬《たん》は石。中味がぎっしり詰ったもの。対するタマゴは形こそしっかりしているが、その実は壊れもの。つぶれやすい。

用兵にあたっては、この虚（タマゴ）実（石）の勢いを利用しさえすれば、いかなる相手にも勝てないはずがない。

軍を進攻させるに、向かうところ敵なく、まるで固い石ころをタマゴにぶつけるも同然に、志気あがる強い軍隊で隙だらけの敵をたたけば、結果は見えている。

これは「虚実」の問題なのだ。組織・編成（原文は分数）がしっかりしていれば大部隊をまるで少人数のように管理できる。

通信・連絡・指揮棒その他（形名）など戦場における指令の具が整っていれば、大部隊を指揮しながら、少人数の隊伍を戦わせるように意のごとく指揮できる。

奇策と正攻法の使い分け（奇正）に長じていれば、敵の襲撃に遭遇しても三軍の衆の進退をあやまらせないですむ。

充実した軍が、うわべだけを装っている見かけ倒しの敵（虚実）にあたれば、まちがいなく勝利をモノにできる。

　このように孫子は説いたのである。

＊

　今から二千五百年の昔にできたはずの兵法書が、なんとみずみずしいことか。それは今日の高度な管理社会にそのまま適用できるところから、いまなお孫子ブームがつづいているわけだが、それはいわれのないことではない。実際に中国では、その昔から二十万、三十万という人を動かしていた。

『史記』〈列伝〉によるなら、大泥棒・蹠《せき》の徒党は数千人、蘇秦《そしん》が合従《がつしょう》を献策した当時の弱い魏《ぎ》の国の国力でさえ、武装兵二十万、足軽雑兵二十万、役夫十万、戦車六百台に軍馬五千頭を数えた、とある。

　戦国時代には常時十万、二十万単位の軍隊が動員され、百万の壮丁《そうてい》をかかえた秦は、韓・魏を討って二十四万を斬首し、趙と決戦した長平の戦い（前二七〇年）では、四十余万の多きを屠《ほふ》ったと『戦国策』は書き残している。

　いずれにしても、これだけ多くの人間を管理し、指揮した体験という重みに支えられている言葉だから、今日になお生きつづけるわけであろう。

正攻法で戦い、奇策によって勝つ

およそ戦いは　正を以て合い　奇を以て勝つ

「戦いというものは、正攻法をもって会戦し、奇法によって勝つものだ。よく奇法を出すものは、天地のごとく窮まりなく、江河のごとく尽きることがない」

と孫子はいった。

これに宋《そう》の張預《ちょうよ》は、

「両軍相対するや、まず正兵をもって合戦する。それから、おもむろに奇兵を発して、あるいはその両翼をたたき、あるいはその後方を攻撃して勝つのである」

と註釈をほどこした。

しかし、正と奇は、もともと正兵と奇兵というような分類を可能にするほど明確に、固定したものではあるまい。絶えず正は奇に変化し、奇は正へと変化して流動しているのだ。「天地のごとく窮まりなく、江河のごとく尽きることがない」というゆえんであろう。

奇とは機であり、機をつかんで状況を変化させる作用である。状況が変化すれば、奇はただちに正に転化するのだ。

鄭《てい》の荘《そう》公の元年、荘公は弟の叔段《しゅくだん》を京《けい》に封じた。祭仲《さいちゅう》が諌めたが、荘公は聞かなかった。

「そう母上が希望されたのだ」

段は京におもむくと、軍備を整え、母とともに荘公を襲撃しようとはかった。二十二年、段は果たして鄭を攻撃し、母の武姜《ぶきょう》が内応した。荘公は出撃して段を攻め、段は敗走した。荘公は追撃して京を落とした。段は鄢《えん》に逃げた。荘公は鄢も撃破した。段は共《きょう》に出奔した。荘公はその母の武姜を城潁《じょうえい》に移して誓った。

「黄泉《あのよ》にゆくまでは、お目にかかりません」

それから一年あまり、荘公はしきりに母のことを思った。たまたま潁谷《えいこく》の考叔《こうしゅく》が珍しいものを献上したので、荘公は食事をともにした。その時、考叔が言った。

「私には母があります。君からたまわったこの食事を、母に持参してやることをお許しください」

荘公が言った。

「わしも母上に会いたい。ただ、黄泉にゆくまではお目にかからないと誓ったのだ。誓いを破るわけにはいかないし、どうしたらいいだろうか」

「地を掘って黄泉においでになり、そこでご面会すればよろしいでしょう」

荘公は地下道を掘り抜いてかりに黄泉とし、そこで母の武姜と面会した。

黄泉とは地下にある泉で、死ねば誰しもそこへゆくものと信じられていた。だから黄泉にゆく

までは お目にかからないという荘公の誓いは、死ぬまで会わないという意味であった。しかし、誓いの言葉はあくまでも黄泉＝地下の泉であるわけだから、実際に地下の泉を造るならば、誓いを破ることなく面会できるわけだ。

荘公は自ら望ましい状況をつくることによって、母と面会することができたのであるが、これこそ奇をもって勝つということだろう。奇とは、望ましい状況をつくりあげる手段でもあるのだ。

戦いの方法は無限である

戦勢は奇正《きせい》に過ぎざれども　奇正の変は勝《あ》げて窮《きわ》むべからざるなり

色をつくりだす基本色は、青、黄、赤、白、黒の五つしかない。しかし、この五つの色をさまざまにまぜあわせることで、無数の色ができあがる。これと同じように、戦いには、正兵をもって敵と相対する戦いと、奇兵をもって敵の不備を衝《つ》く戦いの二つしかない。しかし、この二つのものがまじりあった変化というのは、無限である。奇兵による攻撃から正兵による攻撃、正兵から奇兵、奇兵から正兵……ときわまりなく繰りだされる戦闘のやり方こそ、戦さのうまい者ということができる。

これが孫子の考えだ。

斉《せい》の将軍田単《でんたん》が、即墨の城を守って燕軍とした戦いは、きわまりなく繰りだされる正兵と奇兵の連続の典型例といえよう。

彼のやったことは、まず、燕軍の兵士と将軍の間を離反させることだった。間者《スパイ》を放って、敵将の楽毅《がくき》は燕王に謀叛《むほん》の心を持っていると宣伝させた。燕王は楽毅を更迭し、騎劫《ききょう》を将軍にした。燕の兵士は、この更迭に対し強い不満を持った。

次に田単の行なったことは、燕軍に対し、

「わたしが怖いのは、燕軍が虜《とりこ》になっているわが軍の兵士を劓《はなぎり》の刑にし、これを先頭にして、戦いをいどんでくることだ。これをやられたら、わが軍はきっと敗れるだろう」

と宣伝することだった。

燕軍はしめたとばかり、虜にした斉の兵卒を劓《はなぎり》の刑にした。城中の人は、憤激し、絶対に降伏しないと決意した。

次に田単のしたことは、

「燕人が、わが城外の墓を掘りかえして、先祖をはずかしめはしないかが心配だ。そうされはしないかと思うだけでも、ぞっとする」

と宣伝することだった。

燕軍は墓をことごとく掘りかえし、屍体を焼いた。城壁から望見したすべての人々はみな涙を流し、怒りは十倍にも達した。

そして最後に、田単は、武装兵を隠れさせたあと、老人、子供、女子を城壁に登らせ、使者を送って降伏を伝えた。

燕の将軍たちはすっかり油断した。

その夜、田単は、千余頭の牛の角に刃をしばり、しっぽに葦をたばねて火をつけ、燕軍に向けて放った。そのすぐあとに五千人の兵がつづいた。城中では太鼓をうち、大声をあげた。燕軍は大いに驚いて敗走した。定石どおりのやり方で、敵の内部を分裂させ、味方の闘志をかきたてたうえで、奇兵をもって敵の不備を衝いて、ついに田単は勝ったのである。

水に勢いがあれば石でも浮かぶ

激水《げきすい》の疾《はや》くして石を漂《ただよ》わすに至る者は　勢なり

「勢」という字は、力こぶを出した腕の形をあらわす〝力〟という字と、草木を植えることを意味する〝埶《せい》〟という字とからなっている。

したがって、「勢」という字の本来の意味は草木を成長させる力のことであり、それから転じてものを支配する力を意味するようになった。

同時に、「余勢を駆って……」という場合のように、「はずみ」という意味をもこの字は持っている。

「ほとばしる激流が重い石をも押し流すことができるのは、勢いがあるからだ」

と孫子がいうとき、この「勢い」というのは、つまり、「はずみがついた状態」と解してよかろう。

だからといって、はずみをつけてただやみくもに突っ走っていればいいというものでは、決してない。

それでは「猪突猛進」になってしまう。盲滅法《めくらめつぽう》、ただがむしゃらに突進したところで、木の根株にでも頭をぶつけてダウンしてしまうのがおちだ。また「騎虎の勢い」というのもいただけない。いったん虎の背にまたがってしまったらおいそれと下りるわけにはいかない。下りればたちまち食い殺されてしまうのだから、虎が走り疲れてへたばってしまうまでは、何がなんでもその首っ玉にしがみついていなければならない。これもお先真っ暗だ。

だから孫子は、強力な行動を起こすには、はずみというものが必要だといったあとに、

鷙鳥《しちょう》の撃《う》ちて毀折《きせつ》に至る者は、節《せつ》なり

という一句を付け加えることを忘れなかった。「猛禽類が鳥獣を襲い一撃にたたき伏せることができるのは、節を心得ているからだ」という、この「節」とは、竹のふし目ということで、転じて節度とか折り目ということになる。つまり、行動のタイミングをいったものである。鳶《とび》や鷹《たか》は獲物を見つけると、その上空を旋回して襲撃のチャンスをうかがう。

そのチャンスとは、こちらに気づいた相手が逃走に移る瞬間である。その瞬間の相手の態勢の崩れを待つのである。

日本人はテンション民族だということが、ひところ言われたことがある。テンションは言ってみれば孫子のいう「勢」のようなもので、決して悪いことではないが、四六時中そんな状態でいたら人間気が狂ってしまう。

好機をとらえて、蓄えた力を一気に放出する、その時こそ、正しい意味での「勢」が生まれるのだ。

弓は引けば引くほど矢の威力が増す

よく戦う者は　その勢は険にしてその節は短なり

水は弱いものである。また柔らかくもある。

石は硬いものである。そして重たくもある。

……という水と石の性質をまず規定したうえで、ここに大きな岩を持ってきたとしよう。これを流れに投じたらどうなるか。その流れが険阻な谷あいを曲りくねり、かつ水量豊かだったら、その勢いの激しさは、おそらく巨大な石を転がし、押し流し、流れのなかを漂わせることもできるのではあるまいか。

前に述べたように、鳶や鷹など、猛禽の一撃にあっては他の鳥類はひとたまりもない。その勢いに抗しようもなく撃ち砕かれてしまう。

猛虎がひとたび跳躍すれば百獣はその威勢に抗すべくもない。射った弾が飛ぶ鳥に当たるのも、その瞬発力とタイムリーなリズムのせいである。

そこには、勢いと、けじめがある。

だから戦さ上手は、その勢いをちょうど険阻な水路によって水勢を増すように険しくし、その発射の機会は、ためにため、思いきり引きつけ、とっさに放つ。これなら必ず獲物を手に入れることができるし、敵を撃破できる。

勢いは、弩《ど》（いしゆみ）を十分に引くようにし、そのけじめは、矢を発止《はっし》と射るようなものではなかろうか。

さらに具体的に説明を加えるならば、「その節は短」とは、兵力を集中させ、準備万端とどこおりなく終え、部隊を隠密裡に敵に近づけ、突撃の間合いをできるだけ縮めておくこと。このように、進攻にあたってはきわめて迅速かつ突如として作戦を展開すれば、敵は策のほどこしようもなく、効果的な抵抗などできるはずがない。

不断の素振り、十分のバック・スイング、当てる瞬間にすべてをかけたインパクト……。形ができたら勢いにのせろ。

孫子は整然とことの次第を説きあかす。

機をするどく感じ取り、ためにため、じっくりとことにあたる器量を養うことがまず肝要であるといえる。

順調な時こそ油断は禁物である

乱《らん》は治《ち》に生じ　怯《きょう》は勇《ゆう》に生じ　弱《じゃく》は強《きょう》に生じる……

楚《そ》の平《へい》王に太子があり、その名を建《けん》といった。伍奢《ごしゃ》と費無忌《ひぶき》がお守り役となったが、費無忌は、太子の建に対してあまり忠実ではなかった。

平王は費無忌をつかわして、太子のために秦から妃をめとらせようとした。ところがその秦の公女があまりに美しかったので、費無忌は馳せ帰って平王に報告した。

「秦の公女は絶世の美人であります。王がご自身でおもらいになり、太子には別に妃をお迎えになるのがよろしいかと存じます」

平王は費無忌の言葉をいれ、ついに自分で秦の公女をめとると、はなはだこれを寵愛して子の軫《しん》を生ませた。太子には別に妃を迎えた。平和だったのであろう。

秦の公女をすすめて自分から平王に媚びた無忌は、その機会に太子を捨てて平王に仕えるようになった。

ただ、平王が死んで太子の建が王位につけば、建はこのことできっと自分を殺すだろうと考え、無忌はしきりに太子の建を中傷した。

建はしだいにうとんぜられ、ついに城父《じょうほ》の守将として辺境の守備に当たることを命ぜられた。費無忌はなおも夜となく昼となく太子の不徳を平王に吹きこみ、ついには建は反乱を起こそうと企てているとまで言った。

平王はお守り役の伍奢を召還して、厳しく詰問した。伍奢は費無忌が中傷したためだと知って、平王に言った。

「王はどうして人をおとしいれるくだらない臣の言葉を信じて、身内のものをうとんぜられるのですか」

だが、費無忌は平王に言った。

「いまのうちに倒さなければ、陰謀はなしとげられますよ。王は虜《とりこ》にされてしまうのですよ」

平王は怒って伍奢を捕らえた。伍奢は、ひそかに使いをやって太子の建を逃がした。平王はますます怒り、費無忌の進言をいれて、伍奢に言った。

「おまえの二人の子、尚《しょう》と員《うん》を呼びよせることができたら、命は助けてやろう。できなければおまえを殺すだけだ」

すると伍奢は言った。

「尚《しょう》は情にあつい人柄ですから、呼べば必ずくるでしょうが、員《うん》は性剛直、恥をしのんで大事をなしとげることのできる男です。くることはまずありますまい」

しかし、平王は二人の子を召しよせた。太子の建をひそかに逃がした伍奢が、なぜ自分の二人の子を逃がすようにとりはからわなかったのか。勇者伍奢にしてなお、助命の言葉を前にして怯《ひる》みを生じたのだろうか。ともあれ、平王のお召しと聞いて、息子の伍尚は行こうとした。だが、もう一人の息子の伍員は言った。

「平王がわれわれを召すのは、父上の命を助けようと思ってのことではありません。のちのちの煩《わずら》いをなくそうとして、父上を人質に、いつわってわれわれを召すのです。行けば、親子ともども殺されるでしょう。むしろここは逃げ出して、父上の仇を討つことを考えたほうがいいでしょう。みすみす殺されに行くことはありません」

伍尚は言った。

「おれだって、行っても父上の命を助けることができないことぐらいは知っている。だが、父上が助かろうとしてお呼びになっているのに、行かないというわけにはいかんのだ。おまえは逃げろ。そして、必ず父上を殺した仇をうってくれ。おれは死ぬとしよう」

伍員は逃げた。伍員が逃げたと聞いて、伍奢は言った。

「楚は、いまに戦さに悩まされるぞ」

伍尚がつくと、伍奢とともに殺された。伍員は逃げて呉に仕えた。

五年後に、平王は死んだ。子の軫《ちん》が立って王位についた。昭王である。昭王の元年、楚の人々は費無忌を怨んだ。呉がしばしば楚を攻撃したからである。ついに子常《しじょう》が費無忌を殺した。

昭王の十年、呉は大挙して楚を襲い、大いに楚の軍を破って首都郢《えい》に入城した。伍員は平王の墓をあばき、その屍を引き出して三百回鞭うった。

孫子はいう。――戦乱は平和のなかから生じ、怯《ひる》みは勇気のなかから生じ、弱さは強さのなかから生じる。

すべては変化するのだ。平和のなかにあってなりゆきにまかすならば、平和がやがて戦乱に転化することは、まさに楚の平王の事例が示すとおりであろう。おれは勇敢に戦っているのだと思う、その思いのなかに退廃がひそんでいるというのも、また事実なのだ。

利で誘っておびき出し、構えて待ち受けろ——利を以てこれを動かし詐《さ》を以てこれを待つ……

利益を見せつけて敵を誘い出し、裏をかいてこれを攻撃すれば勝てる、と孫子はいう。

孫子は〈虚実篇〉中で、戦いにたくみな人は主導権をにぎる人であって、相手を自分の思いのままに動かせる人だともいっている。

趙の名将李牧が、匈奴の王単于《ぜんう》を決戦に誘い出すことに成功したのは、「利を以て、これを動かし」えたからだ。

決戦の機が整ったと考えた李牧が、匈奴に対して投げつけた餌は、まことにたくみなものだった。それまでの数年間、李牧は、匈奴が侵入してくると、烽火《のろし》を合図に、士民たちと家畜類をことごとく城中にひきあげさせて、匈奴のために、略奪すべきなにものも残させなかった。

匈奴の兵はもちろん、李牧の部下たちも、李牧は臆病だと考えた。李牧の軍勢は、このような状況のなかで、どうしても匈奴をやっつけたいと、切実に思うようになった。彼らは、日々に賞賜《しょうし》（恩賞）は受けたが、実戦は一度もやらせてもらえなかったからだ。

李牧は、ある日、大演習を行なった。家畜もできるかぎり放牧し、野は働く人たちで満ちた。

この時、匈奴の小部隊が侵入してきた。李牧はわざと敗走し、そのうえ数千人の民衆をわざわざ残してきた。

単于《ぜんう》はこの「利」にとびつき、全勢力を率いて、辺境を侵入してきた。単于は、今こそ李牧の軍を全滅させうると判断したのだ。

結果は、単于《ぜんう》の大敗に終わった。

話は換わるが、成皐《せいこう》で、漢の軍と楚の軍が戦い、曹咎《そうきゅう》を将とする楚軍が大敗を喫したのも、漢の軍に、思うようにあやつられたからだ。

楚の項王（項羽）が梁《りょう》の彭越《ほうえつ》を撃つため、東進するにあたって、曹咎《そうきゅう》に命じたのは、

「漢が挑戦してきても戦うな。ただ漢が東進できぬようにすればよい。十五日後に、梁の地を平定して、将軍と合流するだろう」

ということだった。

はたして、項羽のたったあと、漢は、成皐《せいこう》の楚軍に戦いをいどんだ。しかし、楚軍は、命令どおり出撃しなかった。

そこで漢は、人々に命じて、五、六日間にわたって、楚軍を侮辱させた。曹咎《そうきゅう》は大いに怒って、項羽の命令を忘れ、汜水《しすい》を渡って攻撃するよう兵に命じた。兵が川の半ばまできた時、漢はいっせいに攻撃し、大いに楚軍を破り、楚の国の財宝をことごとく奪った。

翌年、漢王の劉季《りゅうき》と楚王の項羽は垓下《がいか》で決戦し、破れた項羽は自ら刎《くびは》ねて死ぬのである。

適材適所の効用を知れ

よく戦う者は　これを勢に求めて人に責《もと》めず

戦いに勢い――はずみ――といったものが必要であることは、前にも述べたとおりだが、孫子は、この勢いということについて詳しく説明してきて、最後に、「戦さ上手は、勝利を求めるのに勢によってし、人の能力に頼ろうとはしないものだ」といい、さらに、「だからこそ、よく人を択《えら》んで勢いのままにさせることができるのだ」とつづける。丸い石は斜面に置けばひとりでに転げはじめる。角ばった石ではそうはいかない。丸い石を斜面に置く、これがつまり択び出した人材を勢いのままにさせるということなのだ。その時、石はこちらで力を加えてやらなくてもひとりでに動き出し、やがて加速度をつけて想像を絶するスピードを出す。適材が適所に用いられた場合、その人材は持てる力の何倍もの働きをするものだ。

戦国時代、斉の孟嘗君《もうしょうくん》は礼を尽くし、財を惜しまずに集めた食客数千を抱えていたが、その名声を聞き伝えた秦の昭王から宰相として迎えられた。ところが行ってみると、思わぬことが起こった。秦の昭王は、人から、

「孟嘗君は斉の人間だから、わが秦のことより、まず第一に斉国のことを考えるにちがいない」

と言われて二の足を踏んだのである。かといって、追い返せば、孟嘗君の恨みを買うことにな

る。暗々裡に亡き者にしてしまおうと、彼を軟禁してしまった。

孟嘗君は昭王の寵姫に取りなしを頼んで国へ帰してもらおうとした。すると彼女の出した条件が、「狐白裘《こはくきゅう》をください」というものだった。狐白裘とは、孟嘗君が昭王に土産《みやげ》として献上したもので、狐の脇の下の柔い皮ばかりをつづり合わせた一枚千金という貴重品。困った孟嘗君が食客たちに相談すると、天下の豪傑・奇士と呼ばれる面々も溜息をつくばかり。

その時、一人、末座から進み出たのが、かねがね他の食客から馬鹿にされていた男だった。この男は「狗盗《くとう》を為す者」すなわち、犬のようにこそこそ泥棒するのを得意とする、いわば「こそ泥」だったのだ。この男、見事に昭王の宮殿から狐白裘を盗み出し、孟嘗君はそれを何食わぬ顔で寵姫に献上して危機を脱することができた。

夜陰にまぎれて客舎を脱出した孟嘗君の一行が、函谷関に着いたのは夜明け前。一番鶏が鳴くまではまだだいぶ間がある。困り果てた時、進み出たのは鶏の鳴き真似がたくみだということで食客になっていた男。この男のひと声で、門番は夜が明けたと勘違いし、門を開けてしまい、孟嘗君は無事、斉に帰ることができたのだった。

適材が適所に用いられたよい例である。

6 虚実篇＝主導権をにぎるには！

主導権をにぎったほうが勝つ

よく戦う者は　人を致して人に致されず

五代（唐から宋への過渡期の時代。九〇七〜九六〇年）の時、後周が突厥《とっけつ》を使嗾《しそう》して後斉に迫った。後斉では将軍段韶《だんしょう》がこれを迎え撃つべく陣を敷いた。たまたま大雪のあとである。見れば周人は歩卒を前衛に並べて西より寄せかかり、城外二里の地点に迫った。

後斉の諸将は迎え撃とうと逆進攻をとなえたが、はやる気持ちを段韶におさえられた。

「歩卒の気力、勢いには限りがあるはず。ましていまは積雪も深いから、撃って出るにもあまり好条件ではないだろう。ここのところは陣中で待機すべきだ。敵は疲弊し、わがほうは力が余っているのだから、これを撃ち破ることは必至だ」

さて、ひとたび交戦するや、段韶は周人を大いに破り、その前衛軍はことごとく倒され、ほうほうのていで逃げ去った。

とにかく、先に形勝の地に陣を布いて敵を待つならば、十分に準備にかかれるし、兵士も馬匹も英気を養える。しかし会戦場にたどり着くのが遅ければ、十分な準備もなく、また疲れきったままの人馬をいきなり戦いに投入しなければならない。これでは戦さのイニシアチブ（主導権）がにぎれるはずはなく、相手にいいように振りまわされるだろう。

だから戦さ上手は、相手を奔命に疲れさせることであり、相手に楽をさせないことなのだ。

後漢の光武帝（在位・二五〜五七年）に仕えた建威大将・耿弇《こうえん》が張歩《ちょうほ》を破った故事も、主導権をにぎることの重要さを伝えるものとして『後漢書』に記されている。

張歩の将・費邑《ひゆう》が弟の敢《かん》を分遣して守りを固めさせていた巨里城を耿弇が攻めた。投降者の口から費邑が来援することを知った耿弇は攻具の整備をし軍中に布《ふ》れ、三日ののちに巨里城を猛攻する旨を知らせるとともに、ひそかに捕虜を解き放ち、逃がした。もちろんその口から耿弇軍の意図は費邑の知るところとなり、その日、果たせるかな精兵三万余を率いてやってきた。耿弇は大いに喜んで諸将にはじめて本心を伝えた。

「攻撃用具の点検整備を命じたのは、邑を誘いだしたかっただけのこと。それにしても、タイムリーにきてくれたものだ」

かくて耿弇が大いに敵を破ったことは申すまでもない。費邑は斬り殺された。

相手の盲点を攻めれば必ず勝てる

攻めて必ず取る者はその守らざる所を攻むればなり

後漢《ごかん》のころ、張歩《ちょうほ》は自立して首都を劇《げき》に定め、弟の藍《らん》に西安《せいあん》を守らせた。また別の将軍に命じて、臨潼《りんとう》を守らせた。

ところが、臨潼から四十里ばかり離れた地点に、耿弇《こうえん》が軍を率いて進駐してきた。陣を構えると、耿弇はこと細かに視察して、西安は城こそ小さいが堅固であり、藍の率いる兵もまた精鋭であること、および臨潼は有名ではあるが、実際には攻めやすい城であることを察知した。そこで耿弇は、軍吏に命じて武器を治めさせると、五日後には西安を攻めた。城のまわりで兵士たちにひとしきり喊声《かんせい》をあげさせると、そのままひそかに引きあげた。

藍はその声を聞いて、てっきり敵が攻めてくると思いこみ、門を閉ざし、ひたすら城の守りを固めて朝晩怠ることがなかった。

機至れりと、耿弇は夜中のうちにむりやり朝食をとらせて出発し、夜明けには臨潼城下に到着するが、副将の荀梁《じゅんりょう》たちは、作戦について異議を申し立てた。

「すみやかに西安を攻撃すべきです」

すると、耿弇は言った。

「西安はわが軍の喊声を聞いて攻撃されるものと思いこみ、日夜守りを固めている。援軍を出すことさえできないだろう。一方、西安が攻撃されるとしか思っていない臨潼は、その不意を衝《つ》けば驚きうろたえるに決まっている。そこを力をつくして攻めたてれば、必ず一日で陥落させることができよう。臨潼が陥落すれば西安は孤立する。これこそ一石二鳥というものではないか」

こうして耿弇の軍は臨淄を攻撃したが、すべてその策のとおりになった。

いかなるものにも盲点はあるだろうし、無防備の時があるにちがいない。

だから孫子はいう。――攻めれば必ず勝つものは、相手の手薄なところを攻めるからである。

自分の正体を知らせるな――微《び》なるかな微なるかな無《む》形《けい》に至る　神《しん》なるかな神なるかな無《む》声《せい》に至る……

「無形こそ最高、無音こそ最高」と孫子はいう。

少し具体的にいえば、味方の追撃する速度よりも、敵の後退する速度のほうが速ければ、敵はいても、捕らえることはできないから、無形ということになろう。さっさと後退されたのでは、敵の運命を、わが手ににぎることはできない。

戦いをしたいと思った時には、戦いができ、戦いをしたくないと判断した時には戦わないですむ、というのが、無形、無音の精神であろう。

名将といわれる人たちの戦いぶりには、このようには完全でなくても、これに近いものが多い。

逆に、楚の成王と泓水《こうすい》という河をはさんで対峙した宋の襄公《じょうこう》は、無形、無音という点でみると、およそ最低であった。

宋の襄公の軍勢は少なく、楚の成王の軍勢ははるかに多かった。数を頼んで、成王の楚軍は、泓水を渡りはじめた。

子魚《しぎょ》が襄公に言った。

「敵はあのように大軍ですが、いまなら敵の虚を衝《つ》けます。河を渡りきらないうちに攻撃しましょう」

襄公は聞かなかった。

河を渡り終わった楚軍は、しばらく陣形が整わずにいた。

子魚がまた言った。

「いまをはずしたら、攻撃の時機はないでしょう」

「いや、敵の陣形が整うまで待とう」

こうして、楚の陣形がようやく整うと、襄公は、攻撃開始の太鼓をうたせた。

もちろん、襄公の軍は、陣形を整えた楚の大軍に勝てるわけがなかった。宋の人たちは襄公を怨んだが、襄公は平然と言った。

「君子たるものは、人が困っている時には、これを苦しめたりはしないのだ。楚軍の陣形が整うまで、攻撃の合図をしなかったのは、そういうわけだ」

子魚は、ぶぜんとして、

「戦争をするからには、勝つことが功績のすべてです」
と言った。

子魚の言うように、戦時に、平和な時の道理をいってもしかたがない。

そもそも襄公は、味方を無形でなくて有形にさせ、敵を有形でなくて、無形に近づけさせて、戦った。戦いの法則とまったく反した指揮をしたのだから、負けて当然である。

もっとも、『史記』によれば、「襄公は泓水《こうすい》の戦いで敗れたが、君子人のなかには襄公を多とする者がある。中国に礼儀が欠けているのをいたんで褒めるのであり、宋の襄公には礼儀の心があったのである」と。

敵の戦力を分散し、その一部分を攻めよ——

我専《あつま》りて一と為《な》り　敵分かれて十と為《な》らば　是《これ》十を以てその一を攻むるなり

野球の戦術でもっともよく使われるものにヒット・エンド・ランがある。一塁走者が二塁へ走り、二塁手がベースカバーに走って、一、二塁間が空いたところへ、打者は精魂こめてハッシと球をたたきこむ。ふだんなら平凡な二塁ゴロで終わるところが、白球は外野へ転々し、たちまち走者一、三塁の好機を迎えることができる。力の集中の効果である。もっとも、ヒット・エンド・ランを成功させるためには事前の綿密な打ち合わせが必要であり、もしそのサインをバッテリーに盗まれるようなことになれば、ランナーは二塁ベースで憤死してしまう。

そこで孫子は、味方の十をもって敵の一に当たるという戦術の前提として、次のようにいっている。

――人を形《かたち》せしめてわれに形なければ、すなわちわれは専《あつま》りて敵は分かる。

「人を形せしめる」とは、敵にはっきりと目に見える態勢をとらせることである。こちらは敵の様子が手にとるようにわかっている。そして、こちらのほうはといえば「形なし」、どんな態勢をとっているかを相手にはわからせない。

その結果、敵は疑心暗鬼、軍勢を十方に分けて防ごうとする。そこで、こちらはひそかに十の力を一つに集め、十倍する力で相手の一を一挙にたたきつぶす。つまり、戦闘において主導権をにぎり、兵力を集中させることの重要さを説いたものである。

この戦術は、特に敵が優勢、味方が劣勢であった場合に効力を発揮する。毛沢東は『中国革命戦争の戦略問題』のなかで次のようにいっている。

われわれの戦略は「一をもって十に当たる」のであるが、われわれの戦術は「十をもって一に当たる」のであり、これは、われわれが敵に勝つための根本法則の一つである。

強軍に対する弱軍の作戦において、もう一つの必要な条件は、弱い部分を選んでたたくことである。

ごもっとも、ごもっともと言いたいところだが、孫子がいうように、わかりきったことほど実行しがたいというのもまた真理ではある。

決戦の地と日時を知れば敵地でも勝てる

——戦いの地を知り　戦いの日を知れば　則《すなわ》ち千里にして会戦すべし……

孟子は「天の時は地の利にしかず」といい、管子も「天時地利」を説く。そこは舟がよいか、戦車が通れる平原か、徒士を展開すべきか、騎兵で一気に蹴散らすところなのかを知らないで戦えるはずがない。

漢の武帝の時、西域の平定を国是としようとした。まず匈奴《きようど》を撃滅することにしたが強大な匈奴にあたるには、匈奴をかねがね仇敵視する大月氏《だいげつし》と手を結ぶにしかずと、張騫《ちようけん》が使者に立った。匈奴領内を通過しなければ大月氏に着けないのだから当然であったが、十余年の拘留生活の末に、ともかく脱出して西へ向かう。大宛《たいえん》国、キルギス（康居《こうきよ》国）を抜け、アフガニスタン北部（大夏国）を経由して大月氏国に入った。決して所期の使命が果たせたとはいえないが、十数年の西域暮らしは張騫の知識欲を満たして余りあるものがあったろう。烏孫《うそん》国、扜冞《うび》国、于窴《うてん》、楼蘭《ろうらん》、姑師《こし》、安息《あんそく》（ペルシャ）、身毒《しんどく》（インド）に至るまで博識となり、崑崙《こんろん》山に発する黄河の源をきわめた。

のちに張騫は校尉となり、大将軍に従って匈奴を撃つが、荒野に水草のあるところを知り尽くしていたため、軍は不自由するところなく戦え、自身も博望侯に封じられるところとなった。

その翌年、彼は失策をする。九卿の一つである衛尉に進み、李広将軍とともに再び匈奴を撃つが、すっかり包囲された漢軍の被害はすこぶる大きかった。なんと張騫が合戦の期日に遅れたのが、その原因であった。

本来なら斬罪にあたるこの失策も、西域通の第一人者ということもあったろうか、赦されて庶民（自由を持たない民）となったあとも帝に献策し、烏孫その他、西域の諸国と和親して匈奴の封じこめに成功した。以後、西域への使者はみな博望侯張騫を引用し漢の威勢と誠信を伝えた。

戦いの地を知り尽くし、いかなるときに打って出るべきかを判断できるならば、たとえそれが漢土をはなれること数千里の異郷・敵地であろうとも十分に戦えるものだという例は、はなはだ多いところ。たとえばよく知られる戦国時代、孫臏《そんぴん》・龐涓《ほうけん》の馬陵における宿怨の対決（二人ともに鬼谷子《きこくし》の弟子として同門にあり義兄弟でさえあったが、のちに兵書をまとめる義兄・孫臏の才能を龐涓にそねまれ、欺かれて罪におとされ両足を切断される。のち斉に拠り魏に仕える龐涓を馬陵の地で自害させる）に、斉の将軍の田忌が孫臏の計を容れ、夕暮れ時に龐涓の軍が必着すると推定し、険阻な山に兵を伏せて大勝したのは、日と地を読み切ったものである。

味方の優勢な面で相手の劣勢な面を衝《つ》け

作《おこ》して動静の理を知り
形《あらわ》して死生の地を知り
角《ふ》れて有余不足を知る

三国時代（前二二〇〜後六〇年）、魏のころ、司馬懿《しばい》が遼東《りょうとう》平定に出陣した。ところがあんまりゆっくりしているので、司馬陳珪《しばちんけい》がたずねた。

「昔、上庸《じょうよう》の孟達《もうたつ》を攻撃した時は、八個の軍を同時に進め、夜昼休むことなく攻めたてました。だからこそ、ほんの五日ばかりで堅固な城を攻めおとし、孟達を斬ることができたのです。ところが今度は、遠くから攻め、しかもひどくのんびりしているではありませんか。私には、とんとわかりませんなあ」

すると、司馬懿は答えた。

「孟達の軍は、兵力は少なかったが糧食は優に一年をまかなえるほど準備していた。わが軍は、兵力は孟達の軍の四倍にも達していたが、糧食はひと月がやっとという状態だった。ひと月分の糧食で、一年分の糧食をもつ敵を攻めるのだ、急がなければならないのは当然ではないか。一方、四倍の兵力で攻めるのだ、たとえ半分に減るとしても、ここは強攻すべきだろう。そういうわけで、死傷をかえりみず、糧食の減り具合と競争するような形で攻めたてたのだ。ところが今度は、賊のほうが兵力が多くてわが軍は少ない。だが、賊は飢え、わが軍の糧食は十分だ。雨のおかげで交戦はしていないが、賊側の糧食は底を尽きかけている。このまま何もせず、糧食の尽きるのを待つのが至当ではないか」

やがて雨がやむと、司馬懿は昼夜を分かたず攻撃し、ついに遼東を平定した。

敵に四倍する兵力は、味方にとっては優勢な面であり、敵にとっては劣勢な面である。一年分の糧食をもつのは敵の優勢な面であり、一月分の糧食しかないのは味方の劣勢な面である。賊の兵力が多いのは敵の優勢な面であり、賊が飢えわが軍が飽食しているのはわがほうの優勢な面である。味方に兵が多い時は速攻をとり、敵に糧食が少ない時は持久戦をとるべきことは、ほとんど自明であろう。

およそ戦いに臨むにあたっては、常に味方の優勢な面をもって敵の劣勢な面に当たるか、味方の劣勢な面をもって敵の優勢な面に当たるか、あるいは味方の優勢な面をもって敵の優勢な面に当たるか、味方の劣勢な面をもって敵の劣勢な面に当たるかのいずれかであるとするなら、必ず味方の優勢な面をもって敵の劣勢な面を攻めるよう作戦を立てるべきであることは言をまたない。

相互の優勢な面、劣勢な面をはからなければならないゆえんである。
だから孫子はいっている。――比較して、相互の優勢な面、劣勢な面を知れ、と。

判断の材料を与えず、ひそかに準備せよ――

兵を形するの極《きわみ》は無形《むけい》に至る
無形なれば則ち深間《しんかん》も窺《うかが》う能《あた》わず　智者も謀《はか》る能わず

何をしようとするのか隠しおおせることができれば、どんなにスパイが入りこんでも、なんの役にも立たないだろう。たとえ智者がどんなに考えても、正しい判断はできないだろう。だから、孫子は、形をあらわさないことが、戦争にとってもちろんよいことだというのである。

春秋時代（前五世紀）、越《えつ》王勾践《こうせん》が、呉に破れ、会稽《かいけい》山から赦されて帰って、七年たった時である。国の力もようやく充実し、士民もまた勾践の恩に感じて、呉に報復しようとした。すると大夫の逢同《ほうどう》が、いさめて言った。

「わが国はいま、国勢が回復し、上昇をはじめたところです。ここで、戦争の準備をはじめれば、呉は心配し、きっと攻めてきます。猛禽が他を攻撃する時は、必ずその形を隠すものであります。ここ当分は、呉をうらんでいる、斉、楚、晋の三国と仲良くなるように努力し、呉に対しては鄭重にあつかいましょう。呉王が、得意になり、戦いを軽んずるようになった時がチャンスです」

二年たった。大夫の種《しょう》が越王に言った。

「呉王の政治を見ていますと、どうも近ごろ、驕慢になったようです。食糧を借りたいと申し込んで、実情をさぐってみましょう」

はたして呉王は、越に食糧を与えた。越はしめたと思った。

さらに三年たった。越王勾践は范蠡《はんれい》を召して言った。

「そろそろ呉を伐ってもよいのではないか。呉王は忠臣の伍子胥《ごししょ》を殺し、それからというもの、諂《へつら》う者ばかりになったと聞く」

范蠡は答えた。

「まだ、その時機ではありません」

翌年の春、呉王は北上し、黄池《こうち》というところに諸侯を集めた。精兵はすべて王に従って、呉の国は老幼ばかりになった。

范蠡は言った。

「時機がきました」

越王は呉に進撃し、呉軍を大いに敗った。

さらに四年たった。呉の精鋭のほとんどは、斉、晋との戦闘で死んでおり、士民は疲れきっていた。越はこの機をのがさず、呉を攻め、各地で大いに呉軍を破り、呉にとどまって呉都を包囲すること三年、呉軍は完全に破れた。呉王はついに自殺し、越王勾践の二十年余にわたる復讐は終わった。

自分をあらわさず、相手の形をさぐり、相手の形のままに対応して、ついに勝利したのが、越王勾践の例であろう。

同じ作戦は二度と使ってはならない

その戦い勝つや復《くりかえ》さずして形《けい》に無窮《むきゅう》に応ず

われわれ凡人は、同じあやまちを二度三度、いや時によっては四度も五度も繰り返す。そして照れ隠しに、「いや、これも試行錯誤さ」などとつぶやいてみる。たまさかうまくいったりすれば、鬼の首でも取ったように得意満面、馬鹿の一つ覚えを繰り返して人々の失笑を買う。

そこへゆくと賢い人は違う。もともとが彼我双方のあらゆる条件を検討し、熟慮のうえで行動に移るのだから失敗ということはありえない。孫子は、この前の項で、

――兵を形するの極は無形に至る

といっている。軍の態勢のとりよう、言い換えれば作戦、その極致は無形、千変万化して敵にはこちらがいったい何をやっているのか、見当もつけさせないようにすることだというのである。

ただし、こうしたからといって、先に触れたように、後生大事にただ一つの作戦ばかりやっていたら、たちまち失敗してしまう。相手の鼻面をとって引き回すのはいいが、いやがる馬をがむしゃらに自分の思うほうへ引っぱって行こうとしても、そうはいかない。「迂直《うちょく》の計」ということがある。急がば回れの道理で、相手の思うままにさせておきながら、結局は自分の最初の予定の方向へ引っぱって行くのが、賢い人間のやることである。

孫子が「形に無窮に応ず」といっているのがつまりそれだ。ここでいう「形に」とは「相手の態勢に」のこと、その相手の出方しだいでこちらはどのようにも変化する、だからこそ、勝っても二度と同じパターンを繰り返さないのである。

こうした柔軟な、弾力的な考え方を、孫子は「兵の形は水に象《かたど》る」といっている。孫子に影響を与えたといわれる老子は、これを次のようにいっている。

上善《じょうぜん》は水のごとし。水は善く万物を利して（助長してやって）争わず、衆人の悪《にく》む所（低いところ）に処《お》る。故に道にちかし。……それただ争わず、故に尤《とが》なし。

最高の善というものは、人のためをはかりこそすれ、自分から進んで自己主張することはない。そうした無理をしないからこそ、自由自在でいられるのであると。

世の中に一定不変のものはありえない——兵には常の勢なく水には常の形なし

戦さの展開、陣形にもしルールがあるとすれば、それは水のようなものだというしかない。また一つきまりがあるとすれば、それは敵の虚（隙間《すきま》）をうかがい、実を避けろということだ。用意万端整い、充実しきったところに向かっていく愚は避け、隙を衝《つ》けということである。

水には高みを避け、低きへ向かう性質があるが、決まった形はない。とうとうと流れる大河を見て、あれが水の形だと思うものはいないはずで、あくまでも地形の変化と水の性質が造りあげたムリに制約された造型の美であるにすぎない。

作戦も当然のことながら、敵情の正確な判断を根拠にして、勝利の方策を決定していかなければならないから、そこに固定の方式などあろうはずがないことは、水に固定の形態がないことと同じではないか。敵の変化に応じて、勝利の道に導く用兵をこそ、神妙と称するべきであろう、と孫子はいう。

戦国時代、斉の国に孟子よりやや遅れて騶衍《すうえん》が出る。その説くところは広遠、しかも必ず小さなことで真否を確かめて大を推論して無限大に達したというから、スケールの大きい思想家だったにちがいない。

斉で重んぜられ、魏の恵王は対等の礼をもって出迎え、趙の平原君《へいげんくん》は自ら席の塵をはらい、燕の昭王は箒《ほうき》をもって先導し、碣石《けっせき》宮を築いて彼に師事したほどだった。諸侯に遊説《ゆうぜい》して必死に仕官の口を求めつづけた食客たちとのあまりのへだたりは、彼の五行説にあった。

歴代の帝王の変遷を木《もく》・火《か》・土《ど》・金《ごん》・水《すい》の五行《ごぎょう》にあてはめ、宇宙の万物はすべて五行の転換遷移につれて盛衰するとした。木は火を生じ、火は土を生じ、土は金を生じ、金は水を生じ、水は木を生じる。これを歴代王朝と組み合わせると尭《ぎょう》（火）・舜《しゅん》（土）・禹《う》（金）・殷《いん》（水）・周《しゅう》（木）となり、天地開闢《かいびゃく》以来の栄枯盛衰、さらに山・川・谷・禽獣・水陸の変幻に触れる。

この五行が陰陽二気の消長・変化のなかで絶えず流動しつづけるのだから、この世の中に、あらかじめ定まった形が存在するはずはない、と孫子は言葉をつづける。五行のどれか一つだけが勝ちつづけることはありえない。さらに春・夏・秋・冬にしてもどれか一つががんばってしまって移らないなどということはありえない。日照時間だって四季によって長短があり、月でさえも円くなったり欠けていったりするではないか。

ましてや兵《いくさ》の形が変幻きわまりなく、絶えず流動するものであることを知っておくことこそ、勝利への道なのだ。

7 軍争篇＝意表を衝《つ》く奇襲戦法！

回り道を近道にし、災害を利益に転ぜよ——

軍争《ぐんそう》の難《かた》きは　迂《う》を以て直と為し　患《かん》を以て利と為すなり……

魯《ろ》の哀公《あいこう》の十七年（前五世紀）、越《えつ》王勾践《こうせん》が呉の国を攻撃した時のことである。越王勾践は軍を左右に分け、それぞれ戦鼓をうち鳴らして進撃させた。夜になっても、戦鼓のひびきはやまず、越の軍の進撃もとまらない。

当然のことながら、呉の軍ではその戦鼓のひびきによって越の軍の所在を知り、そのスピードを測り、同じく軍を左右に分けてこれに対応し、万全の防御態勢を整えた。ところが越王勾践は、中軍にひそかに川を渡らせ、戦鼓をうつことなく静かに進撃させていたのである。

この第三の軍に気づくことなく、左右に対してのみ万全の防御態勢をとっていた呉の軍は、越の中軍が突如として襲撃してきた時、完全に主導権を奪われてしまっていた。越の左右両軍に総攻撃を加えられて呉軍が潰滅状態におちいったのは、ほとんど必然のなりゆきであったろう。

また、西晋《せいしん》の愍《びん》帝の建興《けんこう》四年、石勒《せきろく》と姫澹《きたん》が戦った時のことである。

姫澹の軍がはるばると遠征してきたことから、佚《いつ》をもって労を待つ（逃げ隠れを主としたゲリラ戦で敵を奔命に疲れさせる）と計算した石勒は、その将孔萇《こうちょう》を前鋒として派遣し、姫澹の軍を迎え撃たせた。ところが姫澹の軍の攻撃は意外に鋭く、佚をもって労を待つといった中途半端な態度で迎撃した孔萇の軍は、ひとたまりもなく撃破され、ほうほうのていで退却した。

勝に乗じた姫澹は、ただちに兵を率いて追撃に移った。

これを知った石勒は、急いでその進路に伏兵をおき、敗走する孔萇の軍を追撃することしか念頭になかった姫澹の軍を、いきなり左右から挟撃させた。

左右からの攻撃に対して、まったく無防備であった姫澹の軍が大敗を喫したのは、いうまでもない。

孔萇が敗走し、姫澹が追撃に移った時、石勒ははっきりと主導権をにぎったのである。

勝敗は、いかにして主導権をにぎるかにかかっている。

だから孫子はいうのだ。

——主導権をとる難しさは、迂遠な道を近道に転化し、災害を利益に転化することにある。迂遠な道をとるように見せかけ、利益で誘い、敵に遅れて出発し、敵に先んじて到着する、これこそ遠近の計を知るものだ。

越王勾践は迂遠な道を近道に転化することによって主導権をにぎり、石勒は災害を利益に転化することによって主導権をにぎった、といえよう。

すべては転換の機微を見出すことにある。

風林火山のように

疾《はや》きこと風の如く　徐《しず》かなること林の如く　侵略《しんりやく》
すること火の如く　動かざること山の如く　知り
難《がた》きこと陰《いん》の如く　動くこと雷の震《ふる》うが如し……

この〈軍争篇〉が一貫していおうとするところは、戦さは「機先を制することにある」と説いていることにあるらしい。当項の「風林火山」の四文字が一文字ずつ使われる前段に、「兵は詐《さ》をもって立ち、利をもって動き、分合をもって変をなすものなり」という文章がある。

この「詐」は〃にわかに〃〃たちまち〃と訓じる「乍《さ》」「卒」を意味する。つまり速い、急な戦さ、であろう。まず迅速に行動することで、味方に有利な条件をつくりあげてしまえということなのだ。

＊

「孫子の兵法」という言葉は、これはわが国でも古くから言われていたし、「始めは処女の如く……」などという言葉も『孫子』の言葉とは知らずに使われてきたが、この「風林火山」の四字ほど知られたものはないだろう。だいたい語呂がいい。

武田信玄もたぶん「風林火山陰雷」では、大道易者でも言いそうな文句だというので、四字だけにしたのだろう。

＊

ところで、「疾きこと風の如く」ではじまるこの一節は、実戦にあたっての、最初にして最後の問題ともいえる主導権争いについて、「迂をもって直となす」ことの必要性を述べたあとにくるものであって、その方法を具体的に示したものである。そこで孫子は、「そもそも戦いというものは、敵が啞然とするほど迅速な行動で、優位に立ち、時には散るかと思えば、時には集《つど》って千変万化するものである」と前置きしたうえで、軍の行動のあり方を、「風林火山陰雷」の六事にたとえたのである。

意味を説明するまでもないほど、簡にして要を得たたとえであるが、一、二説明しておくと、「徐《しず》かなること林の如く」というのは、軍の行動が林のように整然としていることであり、「知り難きこと陰の如く」というのは、暗闇のなかにいるごとく、味方の動静を、敵に察知されないようにすることをいったもの。前にあげた越王勾践が呉を破った時の実戦例などは、これを地でいったものだ。

そして、「雷の震うが如く」に行動したその後は、「敵地の村々から奪う時は兵士を手分けし、領土を拡げるにはよく利害を分かち、物事はすべからく秤《はかり》に掛けて動くのだ」と、懇切に説く。一見、非情にして冷酷な言葉の連続なのだが、冷静に判断するなら背筋が寒くなるほどきわめて今日的であるから、怖い。

相手の気勢の衰えた時を狙え

朝の気は鋭く　昼の気は惰《おこた》り　暮れの気は帰《お》わる

隋《ずい》の終わりごろ、天下は大いに乱れた。七世紀の初頭である。唐《とう》の太宗は高祖にすすめて天下統一の業をなしとげるべく兵を挙げさせた。太宗には李靖《りせい》・李勣《りせき》らの名将があったから武威大いにあがり、域外にまでその名がとどろいたという。

とくに名高いのは太宗が長楽王を自称していた竇《とう》建徳と汜水《しすい》（河南省の西北境にある）の東に戦った時のことである。建徳の軍は、えんえん数里にわたって陣立てをしている。太宗は将軍たちとともに高みに登って建徳軍をじっくり眺めていたが、将軍たちにこれなら必勝疑いなしと自信のほどを伝えて言葉を継ぐ。

「彼奴《きやつ》らの様子を見ると顔は険しく平静でないうえに、なにやら争っている。あれは軍に政令がない証拠である。また城近くまで接近して陣を布いたのは、こちらをあなどっているからにちがいない。わが軍は兵士をいたわって出撃せず、敵の気力の衰えを待とう。対陣が長びけば兵卒は飢えはじめ、引きあげたくなるに決まっている。撤退の時期を見はからって出撃すれば勝てないはずがないぞ」

早朝五時から臨戦体制に入っている建徳軍だから、対陣が正午をまわるに及んで兵士たちは空腹と疲れが出て、ベッタリと坐りこんだり、争って水を奪いあう始末。太宗はこの機をとらえて「かかれ！」と全軍に命じ、ついに敵将・竇建徳を生け捕りにすることができた。

戦さに敗れた建徳は、長安で斬られ、兵をあげてからわずか六年で夢破れるのだが、用兵の差がはっきりあらわれた一戦だった。

早朝の士気は盛んなもの、それは鋭く迫る気力となって集中するから、これはかわさなければならない。その衰えを待ってこれを撃てば必勝は疑いない。昼の気力はだんだんに衰えて鋭さはなくなり、暮れがたともなれば気力は尽きはてようとする。

それはおそらく朝・昼・暮れ時というだけでなく、ことのはじめと終わりと理解すれば、はじめは鋭く、終わりに近づくほどに気力は衰退していくから、盛衰交替のしおどきを見きわめられるものは強いということになるだろう。

陣形の整った相手には手を出すな

正々の旗は邀《むか》うることなく
堂々の陣は撃つことなし……

後漢《ごかん》の末（三世紀初頭）、曹操《そうそう》が鄴《ぎょう》を包囲すると、さっそく袁尚《えんしょう》が救援に向かった。それを聞いて曹操が言った。

「袁尚が、もし大通りを進撃してくるならば、避けなければならない。だがもし西山《せいざん》の間道をくるようならば、生け捕りにするまでのこと」

果たして袁尚は西山の間道を進んできた。曹操の軍はこれを迎え撃って、大いに袁尚の軍を破った。

大通りを、正々堂々の陣を張って進撃する軍は、非常な自信と、それらをうらづける力をもった軍であるに違いなく、間道をひそかにしのびよる奇襲隊に比べたら、まるで異なった力であるだろう。

それは無敵の力だ。いや、無敵であるにとどまらない。

この宇宙のどこかには、自らの発する光さえも吸引してしまうほどに巨大な質量を持った暗黒星があって、周囲の物質をどんどん吸引しつつ、その質量をいやがうえにも増大させているという。正々の旗、堂々の陣は、どこかこの暗黒星に似ていはしないだろうか。

それはあらゆるものを自らの内に吸引し、自らの力に転化する。単に吸引するだけではない。それを批判し、あるいはそれに反対し、反抗するものがあれば、それを打ち砕き、腐蝕させ、解体し、その中に含まれている反対物のイメージを膨張させることによって、その反抗にこめられた意味を無意味化し、自らの好む方向に誘導し、問題を本来あるべき文脈から切り離して無害化し、換骨奪胎した内容を自らのうちにとりこみ、自らの力に転化する。

言ってみれば、批判の刺《とげ》を抜いて薄め、適当に発酵させ、それをうま酒として振舞うことによって、すべてをお祭り騒ぎにしてしまうのだ。

いうまでもなく、正々の旗、堂々の陣とは現状の維持をはかる権力構造にほかならない。一回の突撃でそれをくつがえすことは、完全に不可能であるだろう。しかし、かつて一枚岩を誇った社会主義社会にもついに亀裂が入ったように、正々の旗、堂々の陣といえども、たえまのない変化にさらされているのだ。自然発生的に、あるいは人為的に変化を導入し、促進し、増幅することによって、正々の旗、堂々の陣を形骸化させることは可能であるにちがいない。

孫子もいっているではないか。――正々の旗には向かうべきではなく、堂々の陣は撃つべきではない。ということは変化について理解すべきだ、と。

暗黒星とは、燃え尽きた星が自らの引力で収縮しはじめ、やがて消滅するに至る短い時間の現象なのだ。

8 九変篇＝機に臨み変に応じる！

敵を絶対の窮地に追い込んではいけない

——囲む師はかならず闕《か》き
窮寇《きゅうこう》は迫るなかれ……

窮鼠《そ》、猫を噛《か》む。（『太平記』）
窮鼠、狸《たぬき》を齧《か》む。（『塩鉄論』）

紀元前一一九年、専制君主、漢の武帝のとき、塩と鉄からあがる利益を政府が独占した。そこで人民は大いに苦しんだと、史書には書いてある。

次いで前漢の昭帝が立ち、学者たちを招いて審議会を開いたところ、みなその非を述べること、実に数十万言にも及んだという。それを集録したものが『塩鉄論』一部十二巻であった。

そのいうところ、先王の道を説き、政治の要諦に触れて、至言であった。……とまあ、公文書ふうに書けばこれまでだが、実のところ漢王朝の財政は、相次ぐ夷狄《いてき》との戦い、北辺の守りと、内蒙古（オルドス）への出撃という域外平定の急をひかえて、内情は火の車であった。

青年は軍事に、老人や子供は兵糧はこびに明け暮れたから、朝廷の財政はマイナスで、富豪や政商が巨万の富を得て、兵役免除をカネの力で買い取ることも不可能ではなかったというから、ひどい。

塩鉄に官を置いて、みだりに法を犯すことを厳しく取り締まったのもこのためである。ただし、勝手に銭を鋳るものは跡を絶たない。のみならず白金に鉛をまぜ、錫《すず》をまぜ、軽くて役にも立たない銭が横行するから、価値は下落する一方で、ついには通用しないところまで追い込まれていった。

このあたりから世は乱れに乱れ、闘鶏や、犬や馬によるギャンブルや買官など、それはちょうど江戸末期の爛熟した文化・文政の風潮のようであったらしい。『史記』〈平準書〉にこのへんの事情が詳しいが、屋上にさらに屋を重ねるような取締りや規制が、夷狄への恐怖心とオーバーラップして、かえって人民に〝必死〟の力を与えたのではなかったろうか。

「男がいくら耕しても食糧にこと欠き、女がいくらつむいでも衣服にこと欠く。……民はこらえかねて、ついに君に背くしかないだろう。ものごとのなりゆき上、ゆきづまりにきたことがそうさせるのだ」

と司馬談《しばだん》(『史記』の著者・司馬遷の父)はいっている。

その三方は囲んでしまっても一方だけはあけておくがいい。彼らに脱出のチャンスを与えてやるためだ。絶体絶命の窮地に追い込んではいけない。困りはてた敵は、かえって信じられない馬鹿力をふるって迫ってくることにもなるぞ、という孫子の言葉は、古来、用兵の鉄則として尊ばれてきたが、今日でもそれが真理であることに変わりはない。

受けてはならない命令もある

城には攻めざる所あり
地には争わざる所あり
君命に受けざる所あり

春秋戦国のころ、斉《せい》の孟嘗君《もうしょうくん》が食客の馮驩《ふうかん》に借金の利息取り立てを依頼した。

馮驩は薛《せつ》に行くと、孟嘗君に金を借りたものを呼び集めた。みんなやってきて利息が十万ほど集まった。

その金で酒を造り、肥えた牛を買って、金を借りた者たちに呼びかけた。

「利息の払える者はみなこい。利息の払えない者もみなこい。借金の証文を持ってこい」

約束の日になると、牛を殺し酒を出した。酒宴もたけなわのころに証文を出してつき合わせ、利息の払えそうな者には期限を切り、貧しくて払えそうにない者には借金の証文を焼き捨てて、言った。

「孟嘗君が金を貸したのは、領民の金のない者にも本業を営ませるためだ。利息を取るのは、お客を世話する費用がたりないためだ。さて、すでに富裕な者には期限を決めたし、貧窮な者には証文を焼き捨てた。諸君、大いに飲みかつ食いたまえ。主君はかくも心をつかっているのだ。裏切るようなことができようか」

一座のものはみな立って再拝した。

孟嘗君は馮驩が証文を焼き捨てたと聞くと、怒って馮驩を呼びもどし、これを責めた。

「先生は利息を手に入れると、さっそくたくさんの牛や酒を用意し、証文を焼き捨てたというが、これはどういうことなのだ」

「そうです。牛や酒をたくさん用意しなければ、一人残らず集まらせることができず、ひいては余裕ある者と不足する者を区別することもできないからです。余裕のある者には返済の期限を決めました。不足する者には、証文をたてに十年責めてみたところで、利息が増えるだけのことです。厳しく督促すれば、逃亡して証文なんぞ何の役にも立たなくなるでしょう。そうなれば、上は君が利を好んで士民を愛さず、下は士民が離れ負債を踏み倒したとそしられましょう。いまこそ、士民を励まし、君の名声を彰《あら》わすチャンスではありませんか。それで無用の空証文を焼き、手に入らない皮算用を捨てて、薛の民を君に親しませ、君の名声を彰わそうとしたのです。まだ納得できませんか」

孟嘗君は手をうってあやまった。

馮驩は君命にそむいて君名をあげたのだ。だから孫子はいう。——通ってはならない路がある。撃ってはならない敵がある。攻めてはならない城がある。争ってはならない土地がある。受けてはならない君命がある、と。

必ず損得利害を合わせて考えよ

智者の慮《りょ》は必ず利害に雑《まじ》う

越《えつ》王勾践《こうせん》とともに呉を亡ぼした范蠡《はんれい》は、晩年を陶（斉の要地）でおくった。朱公と名を替え農業牧畜を営んで、数億の身代を築きあげた。陶で生まれた朱公の末子が壮年になったころ、次男が人を殺し、楚で捕らえられた。

朱公は、はじめ末子を楚におくって次男を助けようと考えたが、長男が「末子を行かすのは、私が不肖だからでしょう」といって自殺をはかったので、やむをえず長男を派遣することにした。朱公は黄金千鎰《いつ》（一鎰《いつ》は二十四両）と一通の手紙を用意し、親交のあった楚の荘生《そうせい》に手渡すよう長男に命じた。あわせて「荘生のなすがままにし、おまえは何もするな」と固く命じた。

長男は楚につくと、荘生を尋ね、手紙と黄金をすべてさしだした。しかし、長男は、はなはだ貧弱な家に住む荘生を信ずることができず、別に楚の権力者を尋ね、自分がひそかに持ってきた金を献上した。

荘生は、廉直をもって聞こえ、楚王以下みな彼を師として尊敬していた。荘生は朱公の手紙を読み終わると、楚王に謁見して言った。

「某の星が、某に宿りました。これは不吉の徴候であります」

楚王は徳を修めることにし、大赦を行なうことにした。先に、長男から黄金をおくられた権力者が、これを知って長男に告げた。

大赦があれば弟は助かる。長男は、荘生に渡した千金が惜しくなり、荘生を再び訪ねた。

「弟は廟議の結果、自然に赦されようとしています」

荘生は長男のこの言葉を聞くと、さっそく金を返し、再び参内して、楚王に、

「道いく人がみな、大赦の原因は朱公が、王の左右に賄賂《わいろ》をおくったからだと申しています」

といった。

このため朱公の次男は死刑になり、大赦令はその翌日に下った。

朱公は、長男をおくりだした時から、こうなることを知っていた。

「長男はわしの苦しい時代を知っているので、財貨を棄《す》てることを重大事と思ったのだ。末子は生まれながらにわしが富裕なのを見ているので、財貨を棄てることを惜しまない。末子を楚にやろうとしたのは、彼が平気で財貨を棄てられるからだ。長男にはそれができない。だから、ついに次男を殺されてしまった」

孫子はいう。

すなわち、「智者というものは、一つのことを考えるのに、必ず利と害とをまじえ合わせて考える」ものなのだ。

敵が攻めてこないだろうとあてにするな——来《きた》らざるを恃《たの》むなく攻めざるを恃むなし……

世の中に生きていくためには、絶対にこれだけはしてはならないということが、必ずある。戦争の場合も同じだ。

それで、およそなにごとをする場合も、

「智者の慮は必ず利害に雑《まじ》う」

で、利害得失を考え、直線的な思考を排し、すべからく水平思考でいくべきだ。

そしてことに当たる時の心掛けはといえば、孫子のいうように、「敵のやってこないことをあてにするのではなしに、こちらに敵がいつやってきてもよいような備えを持つことが大事であり、また敵が攻撃してこないことをあてにするのではなしに、敵が攻撃しようにもできないような態勢をこちらで固めておくことが大事」なのである。

しかし、これだけですむものではない。かつて太平洋戦争中、日本海軍は世界に冠たる超弩級戦艦武蔵・大和を建造した。その日本海軍は、日本がアメリカ・イギリスに対して宣戦しようとした時、アメリカの物量を計算し、長期戦は不可能と判断するだけの能力を持っていた。その海軍がどうしたことか、世がすでに航空機時代に入り、空軍を主体とした立体戦時代になっていたのに気づかずに、大艦巨砲主義という時代錯誤を押し通した。

つまり彼らは魚雷の数本食ったところで小ゆるぎもしない武蔵・大和を造り、わが海軍には動く要塞がある、と豪語していた。

孫子がいう「敵が攻撃しようにもできないような態勢をこちらで固めた」つもりになっていたのである。

たしかに大和の巨砲がいったん火を吹けば、水平線の向こうの敵艦をも撃沈できた。だが、砲弾よりももっと飛翔できる飛行機、それも空を覆って波状攻撃をかけてくる爆撃機、雷撃機が敵にはあったのだ。

その結果、武蔵は南方海上で大蛇のようにのたうちまわったあげく撃沈され、大和にいたっては、ついに一度も正々堂々海戦を経験することなく、空軍の援護もなしに、いわば丸裸で沖縄決戦の砲台となるべく出撃して、これまたその巨体と比べれば芥子《けし》粒のような雷撃機や艦上爆撃機の恰好の餌食となってしまった。

戦争というものは、いわば一種の総合芸術のようなものである。固定観念にとらわれていたのではいけない。

相手の変化も考えずに、われに万全の防備態勢ありなどと泰平楽を決めこんでいてよいとは、孫子もいっていないのである。

相手の性格を逆用して攻めよ

必死は殺すべく　必生は虜《とりこ》とすべく
忿《ふん》速《そく》は侮《あなど》るべく　廉潔は辱《はずか》しむべく
愛民は煩《わずら》わすべきなり……

まず、孫子と並ぶ兵法家・呉起《ごき》（呉子）の言を藉《か》りよう。「名将であるかどうかの論議は、決まって勇猛果敢であったかどうかが論点となる。だが勇気とは、将としての資格のなかのわずかに数分の一にしかすぎないはずだ。勇気あるものは、とかく蛮勇に頼って利害をはなれがちで、これでは将としての資格に欠けるとしかいいようがない」（『呉子』〈論将篇〉）

無謀の勇は、必死に戦うのみで、そこに待ち受けているのは〝死〟しかない（必死）。

南朝宋の武帝劉裕《りゅうゆう》は、晋の安帝の時（五世紀のはじめ）賊逆を平らげて太守となった。当時、桓玄《かんげん》という者が、盟主となり、兵を挙げ、安帝に迫って位を奪って帝を称したところから、劉裕は崢嶸《そうえい》洲で会戦することになった。

劉裕がわの義軍は数千、桓玄の敵ではないように思えたし、たしかに桓玄の兵は強壮でその数もすばらしいものだったが、肝心の大将が敗北を恐れ、いつも快速艇を用意して万一に備えるという生への執念をありありとのぞかせていたので、兵士たちもまったく志気があがらない。義軍はこれを見とどけるや、風に乗じて火を放ち、気力鋭く攻めこんだため、桓玄の勢はひとたまりもなく大敗した。

将軍が生きのびることばかりを思い、戦う気配を見せなければ、士卒がその気になれるはずはないだろう（必生）。

わけもなく、単に気が短いという人間も御しやすい。一本気で怒りっぽく、鳴りもの入りではやしたてられて出撃して一敗地にまみれた姚襄《ようじょう》（三〇四～四三九年の十六国時代の後秦の人）が二十七歳の若さで殺されたのは、その最たる例でもあろうか（忿速）。

三国時代、蜀《しょく》・魏《ぎ》の大会戦は、渭水《いすい》のほとり祁山《きざん》に諸葛孔明（名は亮）が陣どるところからはじまる。その勢三十四万。対する司馬仲達（名は懿《い》）は四十万の魏軍を率いて出陣する。

孔明は、仲達を女々しいぞと侮り、しきりに辱しめて誘う。なかなか誘いにのらない仲達がついに怒りだした時に、これを思いとどまらせたのは魏帝の使、辛毗《しんぴ》であった。名将、司馬仲達をもってしても、屈辱には耐えきれないものだったのだろうか（廉潔）。

士卒をいたわるあまりに、いたずらに奔命につかれて、かえってよくないこともある。廉潔の人はとかく侵略を好まず、人を愛するあまりにかえって煩わされて敗れることにもなる。戦さとは、時に非情でなければならないものではないだろうか、と孫子はいう。もしかすると自問したのかもしれない（愛民）。

将軍の性格上の欠陥が引き起こす誤謬について、孫子は右の五項をあげたわけだが、どうやら、言葉で理解できても実行できることかどうか、難しい一節ではあるまいか。

9 行軍篇＝敵の内情を見定めよ！

渡河する敵は半ば上陸したところで撃て

客水を絶《わた》りて来《きた》らば之《これ》を水内《すいない》に迎えず　半ば済《わた》らしめて撃たば利あり

唐《とう》の高祖《こうそ》の武徳《ぶとく》年間、薛万均《せつまんきん》は羅芸《らげい》とともに范陽《はんよう》の城によって幽燕《ゆうえん》一帯を守っていた。必ずしも十分な兵力を擁し、堅固な城に拠《よ》っていたわけではない。そこへ、竇建徳《とうけんとく》が兵十万を率いて進撃してきた。范陽の城を攻撃しようというのである。

薛万均は羅芸と相談した。

「兵力からすれば、とてもかなわない。今もし城を出てまともに戦えば、おそらく百たび戦って百たび負けるにちがいない。ここは計略をもって勝つ以外にない。そこで、弱兵弱馬に川をへだて、城を背にして陣を布かせ、敵を誘おうと思うのだ。賊がもし川を渡って交戦しようとすれば、貴公は、精鋭の騎兵百騎を城のかたわらにひそませ、敵が半分ほど渡り終えた時を狙って攻撃してくれまいか」

羅芸は薛万均の計に従った。

果たして竇建徳の軍は川を渡って戦いを求めようとしたが、渡河半ばに羅芸はこれを攻撃し、大いに破った。

おそらく孫子の当時において、川は最も具体的な障害物であったろう。およそ川に限らず、なんらかの障害物を通過しようとすれば、人は相当の力をその障害物との格闘にさかなければならない。

つまり、それだけ戦力は低下するわけであって、その時こそ敵を撃破するチャンスだ、と孫子はいうのである。しかし、相手が川を渡らなければ、そのチャンスは生じない。たとえばこういうことがある。

春秋の頃、晋《しん》の将軍、陽処父《ようしょほ》が、楚《そ》の将軍・子上《しじょう》と泜水《しすい》をはさんで対陣した。陽処父は、楚の軍に川を渡らせてやろうと考えて、陣を引いた。すると、子上もまた陣を引いた。晋の軍に川を渡らせてやろうと考えたのである。いずれも川を渡らないので、両軍とも戦わずに帰った。

自分が川を渡れば不利であり、相手に川を渡らせれば有利であることは、陽処父や子上ならずとも、誰でも容易に気づくことであるにちがいない。とすれば、単に相手が川を渡るのを待つのではなく、是が非にでも相手に川を渡らせなければならない。

＊

漢の高祖に仕えた武将・韓信《かんしん》は斉《せい》を攻撃して斉都・臨菑《りんし》を平定すると、逃走した斉王田広《でんこう》を追撃し、高密《こうみつ》の西に至った。ところが、楚《そ》もまた竜且《りゅうしょ》を大将に二十万と称する軍を派遣して、斉を救援させたのである。斉王田広は竜且と軍を合わせて韓信と戦おうとした。やがて韓信の軍が到着し、両軍は濰水《いすい》をはさんで陣を布いていた。

夜になると、韓信は一万あまりの袋を作らせ、これに土砂を入れて土嚢とし、それで濰水の上流をせきとめさせた。

夜が明けると、韓信は軍を率いてすでに水の枯れた濰水を渡り、竜且の軍を襲撃した。竜且の軍が反撃すると、韓信の軍は負けたふりをよそおって、逃げ帰った。竜且はそれを見ると、果たして大いに喜んだ。

「韓信が臆病者だということは、とっくに知っているわい」

と、ただちに追撃の命を発した。

この竜且軍が干あがった川洲に入ると、韓信はすかさず流れをせきとめていた土嚢壁を決壊させた。水がどっとおしよせて、竜且の軍の大半は渡るに渡れず立ち往生してしまった。時はよし、と急襲して韓信は竜且を殺した。濰水の東岸に残っていた竜且の軍は、それを見て敗走し、斉王田広も逃げた。

韓信は逃げる敵を追ってついに城陽《じょうよう》に至り、楚の兵をことごとく捕虜にした。

韓信は人為的に川を干あがらせ、敵がそこに入ったとたんに、再び人為的に川を再現し、川があったならば渡らなかったであろう敵兵に、川を渡ったのと同じ効果をもたらしたのである。おそらくこれは、孫子の兵法の高度の応用といえよう。

こうした応用とさまざまなバリエーションを予想しつつ、孫子はいうのだ。

――敵が川を渡ってくれば、これを川の中で迎え撃ってはならない。半分ほど渡らせたところで攻撃すると有利である。

軍は高いところに布陣すべきである

およそ軍は高きを好みて下《ひく》きを悪《にく》み　陽を貴《とうと》びて陰を賤《いや》しむものなり……

秦《しん》の末（前三世紀）、南海《なんかい》の都尉《とい》・任囂《じんごう》は病気にかかり、死にそうになったので、竜川《りゅうせん》の令《れい》・趙佗《ちょうた》を呼んでいった。

「聞けば、陳勝《ちんしょう》らが乱を起こしたという。秦は非道を行なって、天下の民はこれに苦しみ、ために項羽《こうう》・劉季《りゅうき》・陳勝《ちんしょう》・呉広《ごこう》らが、それぞれの州で軍を起こし、衆を集め、大いに天下を争っているという。中国は乱れに乱れて安んずるところを知らず、豪傑は秦にそむいて競い立っているのだ。南海は僻遠の地であるが、わしは賊軍どもが侵入してここまでやってきはしないかと恐れている。それで、兵を起こして秦が開いた新道を遮断し、防備を固め、諸侯の変事に対処したいと思うのだ。ところが大病にかかってしまった。この番禺《ばんぐう》は山を背にした険阻の地で、南海数千里の地には相当数の中国人がいて互いに助けあっているから、ここもまた一州として独立し、国を立てることができるだろう。だが、都の長官たちのなかには語るにたる者がいない。だから公《きみ》を呼んだのだ」

そういうと、任囂は佗に詔書をつくらせ、南海の郡尉の政務をとらせることにした。やがて任囂は死んだ。

そこで佗はただちに檄《げき》をとばし、横浦《おうほ》・陽山《ようざん》・湟谿《こうけい》の各関所に通告した。

「賊軍が侵入しようとしている。急いで道を遮断し、兵を集めて自ら守れ」

こうして佗は、漸次、法によって秦が任命した長官たちを誅殺し、自らの派に属するものを仮の郡守に任じていった。

秦が滅ぶと、佗は桂林《けいりん》・象郡《しょうぐん》を攻めて併合し、山間険阻の地に自立して、南越の武王と号した。やがて漢の高祖が天下を平定すると、中国の労苦を思って佗を許し、佗の討伐を行なわなかった。

呂后の時代になって、漢は南越との鉄器の交易を禁止した。佗は怒って自ら南越の武帝と称し、兵を発して長沙の国境を攻めた。呂后は、将軍・隆慮侯竈《りゅうりょこうそう》を派遣して、南越を撃たせた。だが激しい暑さと湿気にあって、竈の軍の将兵は疫病に苦しみ、ついに陽山嶺《ようざんれい》を越えて進むことができなかった。

それから一年あまりののち、呂后が死ぬと、漢は兵を引いた。佗は大いに辺境にその威を張ることになった。

だから孫子はいっている。

――軍は高いところに布陣するのがよい。低いところに布陣するのはよくない。日当たりがよく乾燥したところがよい。日当たりの悪い湿ったところはよくない。健康に留意して食糧豊富なところに居り、兵士に疫病をおこさせない、それが必勝の軍だ。

泡立つ川は渡ってはならない

――上に雨降りて水沫《すいまつ》至らば渉《わた》らんと欲する者はその定まるを待つべし……

原文は、

「上流が雨で川があわだって流れている時は、（洪水のおそれがあるから）もし渡ろうとするならその流れのおちつくのを待ってからにせよ」

と訳されている。

宣恵《せんけい》王の時代の韓にとっては、秦は、ちょうど洪水にならんとする河のような存在であった。

宣恵王の十四年に、秦は韓を伐って鄢《えん》に破った。十六年には、秦は韓を脩魚《しゅうぎょ》に破り、韓の将軍鯫《そう》・申差《しんさ》は捕らえられた。

韓は危機にあった。

韓の公仲《こうちゅう》は、洪水のおそれのある河は渡るべきでないと考え、韓王に、秦と親和するように説得した。

「秦は楚を伐ちたがっています。わが国としては、領土の一部を秦に賄賂としておくって、秦と仲直りし、一緒に楚を伐つべきです」

韓王は「よし」と言い、公仲は講和のための出発の準備を整えた。

この話を聞いて楚王は大いに恐れ、陳軫《ちんしん》を召して、意見をたずねた。

「こうしたらどうでしょう。軍を起こし、韓を救うと宣言するのです。道路いっぱいに戦車をならべましょう。韓への使者には、たくさんの贈り物を持たせましょう。とにかく、王が救援なさると韓に信じこませることです。こうすれば、たとえ、韓が、われわれ楚の言を聞くことがなくても、王を徳とし、秦といっしょになって攻めてくることはないでしょう。またもし、韓がわれわれ楚のいうことを信じて秦と親和を断ったらしめたものです。秦は大いに怒ります。秦・韓の兵が噛みあうことで、楚国の憂患はまぬがれることができます」

楚王は「よし」と言い、陳軫の言ったように韓に使者を送った。

韓王はたいへん喜び、公仲が秦に出発するのをとめた。

すると公仲は言った。

「楚はすでに伐たれる形勢にあるので、兵を発して、韓を救うふりをしているのです」

しかし、韓王は聞きいれず、ついに秦と絶交した。やがて韓は秦の激しい攻撃を受けたが、楚からは救いがこなかった。

秦は、韓にとってだけでなく、楚にも、泡だって流れる河だった。

無理に渡ろうとしたのは、韓王で、激流にのまれる形になった。激流を避けようと考え知恵を働かしたのは楚王だった。しばらくの間、楚は、秦の攻撃を受けることがなかった。

樹木の動きから敵の動静を判断せよ

――衆樹動くは来《き》たるなり

夜と闇と孤独などという、何か人間の判断を迷わせるものが、この世界にはまだまだいっぱいに転がっている。

少年のころの、懐中電灯一つ照らしての冬の夜道や山越えのさびしさを、大人になった今日でもまだ引きずってきているから、現世にいるはずのない山賊との対話を想像したり、出るはずもないクマが背後に迫ったらどう逃げようかなどと思いめぐらせるあまり、つい足早やになって石につまづいたりを今なお繰り返している。

それは死というものと対面させられることを避けようとする本能的なものなのか、あるいは現代に生きるものに共通する不安――つまりは必要以上に知ってしまったことからくる恐れ〈恐迫観念〉でもあるのかというと、昔の人間だって、同じように恐れ、おののきしているところをみると、現代人がとくに知的であるために不安が多いということでもないようだ。

夏首の南に涓蜀梁《けんしょくりょう》という男がいた。この男、実はいずれの何時代のものか、審《つまび》らかではないが『列仙伝』に斉人涓子《けんし》あり、名を蜀梁という、とある。宕《とう》山に隠れ住み、風雨を呼び起こす術をこころえ、やまあざみの精をとって三百歳を超えたとあるから、これから述べる『荀子《じゅんし》』〈解蔽篇〉の記述とは違いすぎているが……。

さて、こちらの涓蜀梁は、愚か者に加えてキモが小さい。月明かりの夜をそぞろ歩くうち、ふとわが影をふりかえったら、そこには伏鬼がいるではないか。思わず立ちすくみ、身ぶるいしたのであろう。後ろをふりあおぐと、そこには髪ふり乱した化けものが立ちふさがっている。あとは一散に逃げ戻ったが、家に走り着くころには、驚きのあまり気を失って死んでいた。

物を見きわめようとするにあたって、遅疑逡巡し、情動不穏では、まともな判断はできようはずがない。五丈原に逝った諸葛孔明が、死してなお魏将・司馬仲達を走らせた故事といい、源平合戦で敗走を重ねた平家の公達を嗤《わら》う話といい、戦さの庭で冷静さを失うことがもたらすことの重大さは枚挙にいとまがない。

だから孫子は、敵情を観察するにあたっての具体例を、いくつも並べたてる。

＊敵が近くまできていながら動かないなら、それは、険しい地形を頼りにして、怖がっていないせいだ。
＊遠くに布陣しながら合戦をしかけてくるのは、こちらを引きずり出そうということにちがいない。
＊険阻でなく、あえて平坦な地形に陣していれば、それは利と見せて、こちらを誘い出そうとするものだ。
＊風もないのに樹木がざわめいているところありとすれば、それは敵が攻めてきているのだ。
＊たくさんの草を蔽いかぶせてあるのは、伏兵ありとこちらに疑わせようとしているのだ。もう一つ裏を読まなくてはいけない時である。
＊鳥が飛び立つのは伏兵がいる証拠。
＊ケモノが驚いて走り出したなら、敵が奇襲をかけてきたものだ。
＊ホコリが高く舞いあがり、その先が鋭くとがっているとすれば、戦車による攻撃である。
＊ホコリが低く広く、ゆるく舞いあがるならば、歩兵部隊の進攻である。
そのホコリも、あちこちに散らばって細長い時は、薪をとって陣しようとする時である。
＊ホコリが少なく、時にあがり時に消えてあちこちするなら、それは軍営づくりがはじまっている時の物見の動きである。

およそ軍の将たるもの、せめてこの程度までは知っていなければつとまるわけがないが、これまた流動変化しつづける行軍中のとっさの判断であるから厄介である。

「しない」ということは「する」ことである――辞の卑《ひ》くして備えを益《ま》す者は進まんとするなり

戦国《せんごく》の時代、秦《しん》は胡傷《こしょう》を将として兵二十万を率い、韓《かん》の閼与《あつよ》を包囲させた。韓の釐《り》王は、ただちに使いを出して趙に救いを求めた。

趙の恵文《けいぶん》王は群臣を集めて、

「閼与を救うことができるだろうか」

とたずねた。趙の名将、廉頗《れんぱ》も楽乗《がくじょう》も、

「道は遠く、しかも険しく狭い場所です。救うのは難しいでしょう」

と答えた。ところが一人、趙奢《ちょうしゃ》が、

「道遠く、かつ険しく狭いとすれば、たとえば二匹の鼠が穴の中で戦うようなもの。勇気のある将軍のいるほうが勝つでしょう」

と言った。趙王はただちに兵五万を選び、趙奢を将として閼与を救わせた。

趙奢は、趙の首都邯鄲《かんたん》を出るとわずか三十里ばかり行ったところに陣を構え、ひたすら防壁を固めて二十八日間もその場所にとどまっていた。すぐ近くまで秦の斥候隊がおしよせてきて挑戦しても、趙奢は出て戦おうとしないばかりか、ますます防壁を固めさせた。胡傷は無気味に思い、使者を出して趙奢に伝えさせた。

「秦は閼与を攻めて、間もなく陥落させますよ。戦う気があるのなら、早くしないと間にあいませんよ」

「いやいや、隣邦から急報が入ったので、邯鄲の防備に当たっているのです。秦と戦うつもりなどあるものですか」

趙奢はこう答えて、使者を手厚くもてなし、防壁などを見てまわらせた。使者が帰って報告すると、胡傷は大いに喜んだ。

「首都を三十里ばかり離れたかと思うと、もう軍を進めようともせず、せっせと防壁を固めているような状態だとすれば、戦う意志はないものとみていいだろう。閼与はもうこっちのものだ」

胡傷はもう趙奢の軍に備えることなく、閼与攻撃に専念した。ところが、秦の使者を送り帰すが早いか、趙奢はただちに兵士に甲冑をつけさせて出発した。昼夜兼行、二日一晩かかって国境を越え、閼与から十五里ばかりの地点に到着すると、陣を構えて塁を築く一方、一万の兵を派遣して北山の山頂を占拠させた。

これを聞いて胡傷は大いに怒り、一部を残して閼与を囲ませると、大半の軍を率いて来襲した。しかし、すでに趙の軍を侮っていたうえに、北山の山頂まで趙兵に征圧されていて、戦う手がかりもつかめず、ただいたずらに飛石と矢のえじきになるばかり。すかさず趙奢は兵を放って攻撃し、大いに秦の軍を破った。秦兵はちりぢりになって敗走し、秦の軍はついに閼与の囲みを解いて国へ引きあげた。

大国秦を向こうにまわして閼与の城を救った趙奢は、まことに勇気ある将であり、かつ、まともにぶつかったのではとても勝負にならないほど優勢な敵に対して、小国の将趙奢のとった戦法は、戦わないように見せかけて敵を驕《おご》らせ、油断させ、無防備になったところを一挙に粉砕しようという、慎重な戦法だったのである。

孫子のいう、「へりくだった態度をとりながら守りを固めるものは、実は進もうとしているのだ」とは、まさにこのことを指すのであろう。勇気とは決して大言壮語ではなく、深く期するものは、決して傲慢になることはないのである。

「する」ということは「しない」ことである——

辞の強くして進駆《しんく》する者は
退かんとするなり

春秋時代の呉《ご》王夫差《ふさ》は北征して、晋《しん》の定公《ていこう》と黄池《こうち》に会した。周の王室を擁し、中国の覇者として、諸侯に号令しようとしたのである。

ところが、その隙に乗じて越《えつ》王勾践《こうせん》が呉の国を攻撃した。越の兵およそ五千人が呉の国に侵入して、ついに呉の太子友《ゆう》を捕虜にするに至った。櫛《くし》の歯をひくように、敗戦の報が夫差のもとに届けられた。

漏洩《ろうえい》を恐れた夫差は、使者を幕下に斬った。しかし、

「周室においては、呉は兄の家系であるから、呉が長となるべきである」

「周の同姓である姫《き》姓のなかでは、呉が子爵であるのに対して晋は伯爵であるから、当然、晋が長となるべきである」

といったやりとりがえんえんと続く会盟は、容易に結着がつきそうにもなかった。事態を憂慮した呉王夫差は、大臣を集めて相談した。

「こうした事態だ。会をやめて帰国するのと、会を続行して晋に先んずるのと、どちらがいいだろうか」

すると、王孫雒《おうそんらく》が言った。

「絶対に会を続行して、晋に先んずるべきです」

「どうすれば先んずることができるだろうか」

「今夜、戦いをいどんで民心を広げるならば、必ず先んずることができるでしょう」

そこで、呉王夫差は甲冑をつけた兵士三万人を率い、晋の軍からおよそ一里ばかり離れた地点におもむくと、天地もとどろくほどに喊声をあげさせた。

なにごとかと、晋の軍では董褐《とうかつ》に外に出て様子をうかがわせた。すると、呉王夫差が、自ら董褐に向かって行った。

「私が君にお仕えするのも今日のこと、君にお仕えできないのも今日のことです」

それを聞くと、董褐は急いで陣内に帰って報告した。

「呉王の顔色を見ると、たいへん心むすばれているようです。きっと毒を盛ろうとしているにちがいありません。まともに相手すべきではありますまい」

それを聞いて晋の定公は誓いの血を先にすることを呉に許した。呉王夫差は、その日のうちに無事会盟を終えて、帰国することができた。

およそ、有利な態勢を保ったまま早く退きたいと思う者は、大言壮語して威力を示し、相手をおびやかすものだ。たとえばわが国の政府をみるがいい。「強力に福祉政策を推し進める」「全力をあげて公害防止に取り組む」「失業対策に力を尽くす」「速やかに景気を回復させる」と景気のいい言葉を羅列するのは、実は福祉政策を推し進めず、公害防止や景気対策に取り組まないための煙幕であった。やるというのは、やらないことにほかならないのだ。もっとも、これは政府だけにとどまらない。
孫子はいっている。
――勇ましそうな態度をとりながら、いかにも進攻するように見せかけるのは、実は退却しようとしているのだ。

規律の乱れに乗じて攻めよ

杖つきて立つは飢《う》えるなり　汲みてまず飲むは渇《かわ》けるなり　利を見て進まざるは労《つか》れたるなり……

山東省泗水《しすい》県の東北に泉が湧いていた。泉は卞《べん》城東北の卞山のかげに湧出していた。その名を盗泉という。

春秋の末（前五世紀）、遊説中の仲尼《ちゅうじ》（孔子）は暮れがたにその地を通りかかったが、疲れているのに泊まろうともせず、ノドが渇ききっているのに飲もうともしなかった。盗泉というその名を悪《にく》んだからである。

命名の悪さだけで判断されては大いに迷惑するのが現代だが、不義をにくみ、礼を重んじ、王道を説き、逍遥遊をいう往時の倫理規準からは、およそ〝盗〟の字のつく水など飲めようはずがなかったのかもしれない。また暮れてなお泊まらなかった土地の名は〝勝母〟であったともいう。

親をうやまうことの厚い孔子には、ここに泊まれようはずはない。

＊

河南の楽羊子《らくようし》が道を歩いていたら切餅（小判）が一つ落ちていた。もちろん拾った。妻女が言った。「志士は盗泉を飲まず、廉潔の士は嗟来《さらい》（さあ布施をとりにこい！）の食を受けずと申しますのに、あなたという方は……」

ある時、他家の鶏がこちらの畑に入ってきた。姑《はは》がそれを殺し食べようとしたら、楽羊子の妻は泣いて手をつけない。よその肉が食膳に載るような働きしかない妻たる自分が口惜しいと泣かれ、姑も肉を捨てた。

『後漢書』の〈列女伝〉が記すところも前例に近い。妻が働き通して夫を世に送り出そうとするけなげさは、士大夫《したいふ》へと這いあがろうという民衆の心と女の執念がこもっているようで怖い。

＊

しかし、こうした倫理が、士卒、雑役、軍務の庶民にまで及んでいたとは考えられない。むしろ、もっと素朴で心のままにふるまっていたにちがいない。倫理も、軍令もなくなっているならば、それは攻撃のチャンスではないか、と孫子はいう。

「水を汲んでこい」と命じられた一兵士が、水を汲みに行ったまではよいが、命令者に届ける（復命する）前に、本能の命ずるままに自分のノドをうるおしてしまうようなら、よほどの渇きである。三軍おして知るべきで、たぶん軍の規律もゆるんでいるにちがいない。撃つべし。

さらに撃つべきは、①杖にすがって立つ者ある時（飢え）、②得すると知りながら進軍してこない時（疲れ）、③夜、呼び声のする時（恐怖心）、④軍営が騒がしい時（規律なし）……などなどとつづく。

しばしば賞を与えるのは苦しい証拠

数々《しばしば》賞するは窘《くん》するなり
数々罰するは困するなり

秦《しん》の昭王《しようおう》元年（前三世紀）、樗里子《ちよりし》は将として蒲《ほ》を攻撃しようとした。蒲の守将はこれを恐れて、胡衍《こえん》に調停を依頼した。

そこで胡衍は蒲のために樗里子に言った。

「公《きみ》が蒲を攻められるのは、秦のためでしょうか、それとも魏《ぎ》のためでしょうか。魏のためというのであれば結構ですが、秦のためというのであれば、考えものでしょう。そもそも衛が衛でありうるのは、蒲があるからです。今、蒲を伐たれれば蒲は魏につき、衛も独立の心を失ってそれに習うにちがいありません。魏がかつて西河の外を秦に取られ、いまだに取り返せないでいるのは、その兵の弱いためでありますが、もし衛を魏が合併するならば、魏は必ず強大になりましょう。魏が強大になれば、西河の外も必ず危険に瀕《ひん》しましょう。しかも秦王は公の軍事行動が秦に害あって魏を利することを知れば、必ず公を罪に問われるでしょう」

「では、どうすればいいのか」

「蒲を許して攻めないことです。私が試みに公のために蒲に入って守将に説き、衛君が感謝するようにとりはからいましょう」

「よし」

胡衍は蒲に入ると、その守将に言った。

「樗里子は蒲が疲弊していることを知って、『必ず蒲を陥落させてやる』と公言しています。だが私なら、蒲を許して攻撃しないように説得することができます」

蒲の守将は恐れ、再拝して言った。

「どうかそうはからってもらいたい」

それから金三百斤を贈って言った。

「秦の軍がほんとうに兵を引いたならば、あなたのことを衛君に申し上げ、城主になれるように努力しよう」

樗里子はついに蒲の囲みを解いて帰った。

こうして、胡衍は蒲から金をもらい、しかもごく自然に、衛で高い地位を得ることになったのである。

孫子はいっている。

――ねんごろに、迎合するように、歯切れの悪いしゃべり方をする者は、人々の心を失っているのである。しばしば賞を与える者は、苦しんでいるのである。しばしば罰を加える者は、困っているのである。

場合によっては部下を処罰せよ

親付《しんぷ》せざるに罰すれば則《すなわ》ち服せず　親付して罰せざれば則ち用うべからず

司馬《しば》穰苴《じょうしょ》が斉の景公によって、晋と燕の軍を迎え撃つため、将軍に任じられた時、彼は、景公に一つの頼みごとをした。

「私は卑賤の出身で、抜擢されて将軍になったのですから、士卒は、まだ、心から私になついてはくれません。これでは命令しても服してくれない心配があります。そこで、わが君のご寵臣で、誰もが尊敬している人を軍目付《いくさめつけ》として、私につけてくれませんか」

かくて、荘賈《そうこ》が選ばれ、穰苴《じょうしょ》は、

「明日の正午に軍門で会おう」

と約束して、彼と別れた。

ところが、荘賈《そうこ》がやってきたのは、約束の時間よりはるかに遅れた夕方だった。

穰苴《じょうしょ》はすでに、部隊を綿密に点検し、軍令を定めて通達し、軍令は兵たちの間にゆきわたっていた。

なぜ遅れたのか、と聞くと、荘賈は「親戚や側近のものが送りにきたので、てまどったのだ」とあやまった。

穰苴は言った。

「将たるものは出陣の命令を受けた日に、その家を忘れ、軍令を定めれば肉親を忘れ、攻撃の太鼓を鳴らせばその身をも守れるものだ。わが百官衆庶の生命は貴官にかかっている。私ごとで遅れるとはなにごとだ」

そして軍の法官を呼んで聞いた。

「軍法では、約束の時間に遅れたものは、どのような罪になるか」

「斬罪にあたります」

ただちに軍法に従って荘賈は斬罪に処され、全軍に知らされた。全軍の士卒はふるえおののいた。

穰苴は、将軍としての給与を全部、士卒に与え、糧食も士卒と平等に分けた。宿舎や井戸、かまでの世話から、病気を調べ、薬をのますようなこともした。

士卒は勇躍し、穰苴のために戦いたいと思った。

このことを聞いて、晋軍は陣を引きはらい、燕軍も軍を解いた。穰苴は侵略されていた斉の領土を取りもどし、帰還した。

穰苴の例は「兵士たちがまだ親しみなついていないのに懲罰を行なうと彼らは心服せず、心服しないと働かせにくい。兵士たちがもう親しみなついているのに懲罰を行なわないでいると、彼らを働かせることはできない」という孫子の言葉そのものといってよい。

荘賈は士卒がよく知り、尊敬しているところの人物だったので、穰苴にとっては、まことにふさわしい軍法厳守の典型たりえた。

10 地形篇＝部下を奮起させる法！

指揮者は自分の判断だけで軍を動かせ——主戦《しゅ》うなかれと曰《い》うとも戦いて可なり　主必ず戦えと曰うとも戦わずして可なり

上の機略、中の機略、下の機略を集めた兵法書『三略《さんりゃく》』は、秦の始皇帝の暗殺に失敗した張良《ちょうりょう》が逃げまわっていた時、土橋の上で黄石公《こうせきこう》という老人から授けられたものと伝えられ、その三略の説を誦《そら》んじた張良はついに一家をなし、漢王朝の建国に功があったとされる。どうも『三略』の成立をめぐっては疑わしく、後人の撰というのが定説になっているが、素材としての黄石公は後人の興味をひいたらしい。

黄石の妻、黄石婆が張良を助け、策略を用いて関守りをだまし、無事に彼を逃がしたという戯曲もできている。

さて話を本筋にもどそう。

黄石公は聖明な君王と智将の関係について、こういっている。

「軍を進め帥《すい》をなすことは、将軍が一人ですべてを決めるべきことだ。その進退についてまでいちいち別の（君主の）ところからコントロールされたのでは、功をたてることは難しい。古来、英明な天子が将を遣わす時は、自らの車（のこしき）を押し（進めて人の業を助成し）たものだ。『国内のことは私がやる。国外のことは将軍が裁いてくれよ』と言って」

孫子が〈地形〉について論じた部分に、なぜ明君智将がしごとの分担（指揮・命令権）を決める問題を提起したかというと、もちろんいわれがある。

当時の戦さといえば国内に迎え撃つケースはまれで、多くは遠征・派兵であったから、現地の地形に詳しい将軍に全権をゆだねることが、勝つための最良の方策であったにちがいない。

だが国内で待つ身は、気がもめる。そこで言わずもがなの口出しをしたくもなったのだろう。使者が飛んで戦うなとか戦えとか、情勢に合わない指令も出ようというものだ。

なんどもいうように、現地軍の全権は将軍にある。これなら勝てると思った時は、帰国後に、君命に逆らった罪におとされようとも戦うべきだ。その結果は、人民を守り、究極的に君王の利益に結びつくのだから、これこそ国家の至宝である。

『史記』によれば、この故事で文帝にみとめられた馮唐《ふうとう》は、景帝の時に宰相となり、さらに武帝のブレーンに推された時は九十歳を超えていたという。

部下は、いたわれば生死をもともにする

卒《そつ》を**視**るもの**嬰児**《えいじ》の**如**し
故《ゆえ》に**共**に**深渓**《しんけい》に**赴**くべし
故に**之**《これ》とともに**死**すべし

——将たるもの、兵士をわが子のごとくいたわるならば、兵士も、やがてともに危険におもむ

き、生死をともにするようになるのだ。

と孫子は説く。

＊

春秋戦国《しゅんじゅうせんごく》の昔、衛《えい》の人呉起《ごき》は、魏《ぎ》の文侯《ぶんこう》が賢君だということを聞いて、これに仕えたいと思った。

それを知って、文侯は李克《りこく》にたずねた。

「呉起とはどういう人間か」

「呉起は名を貪り、好色です。しかし、用兵に関しては司馬穰苴《しばじょうしょ》もかなわぬほどです」

と李克は答えた。

そこで魏の文侯は呉起を将軍に任命し、秦を撃たせた。

呉起は秦の五城を攻めおとした。

将軍としての呉起の日常は、最下級の兵士と衣食を同じくし、寝るにも敷物をしかず、車馬に乗らず、自ら糧食を背負い、兵士と労苦を分かちあった。

ある時、兵士のなかに疽《はれもの》をわずらう者がいた。呉起は自らその兵士の膿《うみ》を吸いとってやった。

すると、その兵士の母親がそれを聞いて泣き悲しんだ。不思議に思った人がいて、そのわけをたずねた。

「お子さんは兵士でしょう。それなのに将軍は自ら疽を吸ってくれたんですよ。どうして泣くことがあるんです」

「そうではありません。昔、呉将軍はあの子の父親の膿《うみ》を吸いとってくれました。それであの子の父は感激し、戦いに臨んでは一歩も退かず、とうとう敵陣に倒れてしまいました。今度また、将軍があの子の疽を吸ったとすれば、あの子もきっと感激するでしょう。どこで戦死することになりますやら。それで泣いてしまったのです」

と母親は答えた。

これでこそ将軍の器といえるのであるが、しかし、部下を厚遇するだけで使うことができず、愛するだけで命ずることができず、でたらめをやっていても正すことができないようであれば、とうてい将軍の器ではないのだ。

だから孫子はいう。

——兵士を嬰児のごとくいたわれば、兵士はともに深い谷間にもおもむくだろう。兵士をわが子のように愛すれば、兵士は生死をともにするだろう。だが、部下を厚遇するだけで使うことができず、愛するだけで命ずることができず、でたらめをやっていても正すことができなければ、ダダッ子をつくるようなもので、役には立たない。

戦さ上手は、その行動に迷いがない

兵を知る者は　動いて迷わず　挙げて窮せず

現代風にいえば、「すべてはわかるか」ということになろう。

歴史書のなかで、今日勝利した将軍が、数年後に敗北するのは、時間・空間をひっくるめて、すべてを理解することはとても難しいという証拠であろう。『史記』の著者が、孫子や呉起をからかったのも、しごくもっともである。

司馬遷にいわせれば、孫臏《そんぴん》が刖《あしきり》の刑にあったのは、口ほどには先が読めなかったからだ。

「太史公曰く――古語に『ある事柄についてよく実行できる者は、必ずしもよく説明できないし、よく説明できるものは、必ずしもよく実行できない』とある。孫子が龐涓《ほうけん》を計略にかけたのは明智であったが、しかし、その孫子は刖の刑にかけられることを早く予防することはできなかった」（野口定男訳）

さらにいえば、敵のこと、味方のことなどをよく知って行動すれば、ほんとうに軍を動かして迷いがないのか。

越王勾践《こうせん》と呉王夫差《ふさ》の運命の分岐は、ふとしのびこんだ人間の、情による迷いからだと解することさえできる。

呉王はすべてをうまく戦った。

最後の詰めで呉王に「勾践は殺すべし」と献策した智者もいた。それなのに、呉王は会稽山《かいけいざん》で、なぜ越王を許したのだろうか。

時がたち、今度は勾践に敗れて、自ら首はねて死のうとする呉王の前に孫子がいたとして、果たして孫子は「呉王よ。あなたはすべてを知り尽くしているようでありながら、実は大事なことを一つだけ知らなかったのです」と言いえただろうか。

生きていることの不思議さというのは、すべてはなかなかわからず、もしわかったとしても、わかっていることとやることは必ずしも一致しないということにあるのかもしれない。

現代の特徴は、価値の基準に絶対的なものがないということである。

兵法からはみだした呉王夫差に親しみを感じても、徹底しえた越王勾践に共感を持っても、あるいは論理を信じても、信じなくても、価値観が違えば、どちらがよいとはいえない。

おそらく、言えるのは、孫子のいう「戦争のことに通じた人間は、軍隊を動かしても迷うことがなく、戦っても苦しむことがない」の、「戦争」をテクノロジーのなかに限定しないほうがよいということだろう。

人間は不思議なところを持っている。

この不思議なものを認め、包含しうるかどうかで、勝つ王にも負ける王にもなり、あるいはもっと本質的に言って、兵法家と、兵法家を雇うものと、それから戦って死ぬ者とに、分かれるのかもしれない。

地の利、攻撃の時機をのがすな

天を知り　地を知れば
勝　乃《すなわ》ち全うすべし

よりよき明日を求めて前進するところに、人類の進歩と発展はあるという。容易には動かしえない信仰である。

だが、よりよき明日とは何だろう。よりよいからには、明日とは今日が時間の動きとともにそのままずりこんでいったものなのではあるまい。少なくとも今日と明日とは、真っ暗な夜をさかいにして、画然と違っていなければならないのだ。

だからこそ、よりよき明日が何かすばらしい価値ででもあるかのようにもてはやされ、未来へのビジョンや未来研究がたいせつなものとして強調されることになるのだろう。

だがはたして、ある朝ふと目ざめてみたら、たとえばカフカの小説『変身』のグレゴリーのように、人間は何かに変身しているだろうか。

昨夜飲みすぎたために、目がどんよりと濁っている、ということはあるかもしれない。皮膚の表面がかさかさになっているかもしれない。白髪が何本か増えているかもしれない。しかし、そんなことがどれほど積み重なってきても、人間自身は、依然として昨日の人間にほかならないのだ。

進歩への信仰は、捨てたほうがいいのではないだろうか。

たとえば、ペーター・アッテンスランダーはいう。「考えることが減るにつれ、希望は増える。だが希望は思考の代わりにならない。希望するだけより思考するほうがましなことはわかりきっている」

また未来研究者は、「現代を理解できないということを未来研究で隠しているのだ。未来研究こそ、現代の分析の等閑視に対する最も危険なアリバイである」という

進歩というオブラートでバラ色の未来を包んでみせるのは、たとえば火災の原因をつきとめようともしないで、願望本位に消防の未来計画を立てるようなものだ。それでは、火災は、消すこともなくすこともできないだろう。

現在の確固たる分析に立脚することなく、未来への願望によって戦うならば、その戦いに勝てるわけはあるまい。もちろん、相手がこちらに輪をかけたように希望を未来に託している場合もあって、たまたま勝てることはあるかもしれないが、そんな勝利は完璧なものであるはずもなく、あっという間に吹きとんでしまうだろう。

だから孫子はいうのだ。

――天の時を知り、地の利を知れば、その勝利を全《まっと》うすることができる。

と。

天の時、地の利とは決して未来に属するものではない。どこまでも現在のものなのだ。

11 九地篇＝極限状態での対処法！

囲まれたら、奇手奇計でまず脱出せよ

囲地《いち》には則《すなわ》ち謀《はか》る

蛮夷(中国に対して域外の夷。南蛮、東夷)の地に封じられた呉が強大になったのは春秋のころ、闔閭が王になったころである。

楚と越《えつ》を伐って大いに国力を伸ばしたかげに、武将・孫武の存在を忘れることはできない。

その呉王と孫武の「囲地」をめぐる軍略問答をとりあげてみよう。囲地とは進むほどに険しく狭まり、引きかえそうにも道遠く、じっと保ちこたえようとすれば糧食が欠乏してしまうところ。したがって小人数の軍隊でも相手の大軍を撃つことができる。それを闔閭が、孫武にたずねた。

「われわれが囲地に入りこんで、前に強敵を受け、後ろが険阻なら、敵はわが糧道を断ち、こちらを誘って動かし、鳴りものではやしたて進ませないようにし、わが軍の出方をうかがうにちがいない。どうすべきだろうか?」

孫武は言った。

「囲地でうまく処するなら、欠けたところ（道）を塞いで、往き来ができないようにしてしまうことです。軍をあげて一家となし、万人が心を合わせ、力を合わせることです。そして数日間を暮らしながら炊煙を見せないようにすれば、いまにも破れそうな弱々しい形に見えるでしょう。

敵がこの様子を見れば、その備えに隙が生じるもの。そこで兵士たちを励まし、奮起させ、陣には精鋭を伏せ、険阻の地をはかって鳴りものいりで撃って出るのです。もし敵に遭遇したら、素早い鋭い攻撃で前後をひらき、左右の兵は駐めて敵を制すればよいでしょう」

「だが、敵が囲みの中にいて、静かに潜行して奇謀をめぐらして誘い、旗を陰顕させてまどわし、何が何やらわからない混戦状態になった時は、どうか？」

「千人が旗でまどわし、要道を塞ぎ、小人数で挑発しても陣から撃って出てはいけません。右往左往してそこを離れてもいけません。これが奇謀を負かす手段です」

春秋・戦国の中原《ちゅうげん》に覇を争った諸将、諸侯の戦いのなかで、囲地をめぐっての攻防は数知れない。手のうちを知り尽くしてわたり合ったから一進一退だったにちがいない。いまここでいえることは、とにかく囲地に入りこんでしまったと気づいたら、奇手奇計、思いもよらない手をうって脱出するしかなかったようである。

極限状態になると人は思わぬ力を出す

——死地には　則ち戦う

「死地」とは力を出しきって戦わなければ殺されてしまうところ（地）だ、と孫子はいう。死ぬことはあっても敗走することはないという。

この状況を極限状況と規定すれば、たとえ作戦の失敗から追い込められたとしても、ここに至れば人は奮戦する。

だから、敵を効果的に撃つには、死にもの狂いにさせないように、逃げ道を一つはつくっておけという策も生まれるのであろう。

孫子の「死地」についての考え方は、積極的である。勝つためには、自分で「死地」をつくり、自分から「死地」におもむくべきだ、という。

「これ（士卒）を往くところなきに投ずれば諸《しよ》・劌《かい》の勇なり」（ほかに行き場のない状況の中に投入すれば、みな専諸や曹劌のように勇敢になるもの）なのだ。

計画をもって人々を「死地」に前進させ、戦う以外に生きのびることのできないことを全員に理解させ、一人の人間から十二の力を引きだして勝とうとするこの兵法が、「現代」にも通じると考える人は、決して少なくないだろう。

しかしまた、このような考えを、ロマンチックなものとして、受けいれがたく思う人もいるはずである。

「寄らば大樹の蔭」という言葉があるが、大樹の傘下に入るべく、人は多く、三流大学より二流大学を、二流大学より一流大学を狙い、文学部より法学部を狙う。

これは、「死地」を自分からつくってみても、戦う相手が大樹なら、それは決して勝てないという生活上の常識にもとづいている。

強い者の庇護のなかで「死地」を一度も経験せずに生きていく方法は、現代ではいくらもある。「不景気になると役人の道を選ぶ人が多くなる」のは、社会生活のなかで、何が強く、何が弱いかを知っており、弱い者が強い者に勝つには、身体と生命をすり減らすような努力と苦労と疲労とが必要であり、しかもなお勝つ成算は百に一つもないという実情によっている。

強者の傘下に入り、安全なコップの中に限定して、安全な「死地」をつくり、安全に「死地」におもむくことで、孫子を現代的に実感するのは、成功の道である。

もし以上を排するなら、「死地」におもむくにたるものが何か、それをさがすことから行動ははじめられなければならない。

待つ時は、知恵をしぼり活動的に待て——利に合えば而《すなわ》ち動き　利に合わざれば而ち止まる

いったい、いくつになったら孫子のいうように「有利な状況で行動を起こし、有利でなければまたの機会を待つ」ようなことが、可能になるのだろうか。この言葉だけを孫子から抜きだして

みると、凡人はどうしてもあせらざるをえない。待つことは、どう考えても楽なことではない。待つことを経験した人でなければ、それがどんなに苦しく、やるせなく、情けなく、浅ましいものか、わからないだろう。

多く待ちすぎた人は、いつか有利な状況をつかんで勝利しえたとしても、おそらく、そのあとで待ちすぎたことによるユガミから自由になることはできない。多く待つことは、多くのことを考えさせずに、ひたすら一つのことだけを考えさせる。

苦労して出世した人が、外見は如才なくても、決してやさしくないのは、そのためのような気がする。

待つことがどんなに浅ましいものかは、一度でも恋人に待ちぼうけをくらった人なら、すぐにわかるだろう。いらいらと待つその時、あなたは何を考えていたか……だ。

孫子の兵法家としてのすぐれた点はいろいろあるが、待つことについての考え方も、その一つとしてあげたい。

坐していたずらに待つのではなく、待つ時間をできるだけ少なくしようと、彼は工夫する。進んでくる敵が大軍なら、前を進む部隊と後ろからくる部隊の連絡を断ちきり、攻撃の機会をつかむ。敵が、将軍から一兵卒まで心がかよいあっているなら、デマゴギーをふりまいてバラバラにさせ、チャンスをつかむ。

待つことの必要性だけでなく、待つことの弊害をも知っていたのが孫子だと思う。多く待ちすぎたり、待ちぼうけになることは、孫子にとっては、決して「待つ」ことではないのである。

こう考えれば、「待つ」行為につきまとう暗いイメージは消える。苦難に耐えて「待つ」とか、じっと「待つ」、といった悟りきったような大人風ガマ蛙のイメージはなくなって、あれやこれや知恵をしぼって「待つ」、あっちこっちとびまわって活動的に「待つ」、といったカラッとしたものになろう。

「待つ」とはこのような、積極的なものでありたい。

相手の不備は間髪を入れずに攻めよ――兵の情は速《すみや》かなるを主とす

唐《とう》の武徳《ぶとく》四年秋八月、李靖《りせい》は大いに兵を夔州《きしゅう》に集め、江陵《こうりょう》に拠って抵抗する蕭銑《しょうせん》を伐った。時あたかも秋の長雨の季節、河はあふれんばかりに増水して三峡《さんきょう》の路も水につかり、李靖の軍も進むことはできまいと判断した蕭銑は、ついに兵を休め、防備も固めずにいた。

九月、李靖は軍を率いて進み、峡を渡ろうとした。配下の諸将は口々に言った。

「兵をとめて、水の退くのを待とうではありませんか」

だが、李靖は言った。

「戦いは神速を貴ぶ。機を失することはできないのだ。今、はじめて兵を集めたが、蕭銑は知らないでいるだろう。このあふれんばかりに水かさを増した流れの勢いに乗じて忽然と城下に現れるならば、迅雷には耳をおおう余裕もないのたとえどおり、あわてて兵を集めても、わが軍を防ぐことはできはしまい。必ず虜《とりこ》になるだけのことだ」

かくして戦艦二千余艘を率いて東下し、たちまち荊門《けいもん》・宜都《ぎと》の二城を抜いて夷陵《いりょう》に至った。すると蕭銑の将文士弘《ぶんしこう》が、精兵数万を率いて清江《せいこう》に駐屯している。孝恭《こうきょう》は攻撃しようとしたが、李靖はそれをとめて言った。

「あれは援軍です。元来、何の策も立ててはいません。ですからあの勢いを長い間保つことはできますまい。しばらく南岸にとどまって様子をうかがい、一日もたてば、敵は必ずその軍を分け、半分はとどまってわが軍を防ぎ、半分は帰って守備につくでしょう。軍が分散すれば、その勢いは弱まります。その弱みに乗じて攻撃すれば、勝てないということはありません。今、急に攻めたてれば、敵は力を合わせ、死にもの狂いになって戦うでしょう。楚の兵は剽悍《ひょうかん》、いささか手ごわい相手です」

だが孝恭は聞かず、自ら兵を率いて攻撃したが、果たして敗走し、ようやく南岸にたどり着いた。蕭銑の兵は舟を捨てて軍貨を奪い、われがちに重い荷物を担いだ。それを見ると、李靖は時を移さず兵を放ち、奮撃して大いにこれを破り、勝ちに乗じてそのまま江陵に突入した。

孫子はいう。――戦いは神速を貴ぶ。敵の不備に乗じ、思いもかけぬ方法によって、備えのないところを攻めることである。

ホームグラウンドでは気がゆるむもの

およそ客たるの道は深く入れば則ち専《もつぱら》にして主人克《か》たず

趙《ちょう》の恵文《けいぶん》王が楚《そ》の和氏《かし》の璧《たま》（薄く環状に作った玉。周代から漢代にかけて祭器・宝物として重用された）を手に入れた。それを聞いた秦《しん》の昭《しょう》王は、秦の十五城と和氏の璧とを交換してもらいたい、と申し出た。恵文王は藺相如《りんしょうじょ》を呼んで、言った。

「秦が十五城と和氏の璧とを交換しようと告げてきた。与えたものだろうか」

「秦は強国で趙は弱国、与えないわけにはいきますまい」

と藺相如は答えた。

「だが、璧は取りあげたが城はくれない、ということになればどうする」

「秦が城と璧とをとりかえようと言ってきたのを趙が聞きいれないとすれば、弱味は趙にあり、趙が璧を与えたのに城をくれないとなれば、弱味は秦にあります。両者を比べると、こちらは申し出を聞き、弱味を相手に負わせるほうがよろしいでしょう」

趙王は相如に璧を持たせ、秦に使いさせた。

秦王は相如と会見し、相如が捧げ出した璧を見ると大いに喜び、璧をまわして宮女や侍臣に見させた。侍臣たちは「万才」と喚呼した。相如は秦王が趙に城を渡す意志のないのを見てとると、進み出て言った。

「璧に瑕《きず》がありますから、お教えしましょう」

王が璧を渡すと、相如はそれを手にして立ち上がり、後の柱に身をよせた。怒髪は冠をつくほどさか立っていた。

「大王よ、璧がほしくて趙王へ書状をよこされたな。趙王は群臣を召されて会議され、秦には璧を与えまいと衆議は決めた。だがわしは、匹夫の交わりにおいても欺かぬものを、大国の秦がどうして欺こう。しかも璧一つのことで強秦の機嫌を損うのはよろしくないと主張したのだ。そこで趙王は斎戒すること五日、わしに璧をあずけ、書状を秦の宮廷へ届けよとおおせられた。ところが大王は、わしを自分の臣下と同じように見、はなはだしく傲慢ではないか。璧を宮女、侍臣と戯れるとはなにごとか。わしは大王に城を償う意なきを見た。だから、わしは璧をとりかえしたのだ。大王は必ずやわしを急追されようが、その時は、わしの頭がこの璧もろともにこの柱で砕けるのだ」

相如は璧を持ち、柱をにらんで、いまにも柱にぶつけようとした。秦王は驚き恐れ、失礼をあやまった。かくして相如は再び璧を趙に持ち帰り、秦への使いの大役をはたしたのである。

これこそ孫子のいう、――客として、相手側へ深く入ればこちらの心は専一になるから、自分の土俵だと思って気のゆるんでいる相手は勝てない道理である、の好一例であろう。

死ぬ気になればできないことはない

往くところなきに投ずれば　死すとも且《は》た北《に》げず

どこにも逃げ場のない状況に軍隊を投入すれば、兵士たちは、たとえ死んでも敗走することはない（つまり、士卒は力いっぱい戦うから、どうして勝利を得られないことがあろう）。

原文は、だいたい、こういう意味あいである。

孫子は、しかし、無責任に、兵を「往くところなきに投ぜよ」とはいっていない。厳しい条件をつけている。味方はよく団結していて、食糧も休養も十分、志気も高まり、なおかつ、味方の行動は敵に知られていてはならない。一方、敵には十分な用意がない。軍を「往くところなきに投」じ、死にもの狂いの戦いをさせるには、これだけの条件が前提として必要だと、孫子はいうのである。

人を使って、人を精いっぱい働かせようと考える立場の人間は、えてして、孫子のつけたこれらの条件を忘れているか、無視してしまう。孫子の立場が、いわゆる精神主義とはまったく反対の極にあることは、もっと知られてよいことだと思う。

声をあげて泣いた兵卒の母が思いだされる。疽《はれもの》を病む兵卒の膿《うみ》を、ある時、呉起が吸って出してやった。それを見て、兵卒の母が泣いたという話である（160ページ参照）。その母によれば、「先年、呉公はあの子の父親の疽を吸ってくれた。父親は感激して戦いにあたって一歩も引かずに討死にした。呉公は今また息子の疽を吸ってくれた。あの子も戦死するだろう」

ところで、現代のわれわれの生活のなかにいわゆる「往くところなき」（逃げ場のない）場所とか状況といったものは存在するだろうか。

自分の手で、自分の心のなかに、一歩も引かぬという防衛線をひく決心のようなものがないかぎり、次々と逃げ場ができていくのが、現代のように思う。

つい先ごろまで、ビジネスマンにとって、会社や職場は自分の一生を決める「往くところなき」場であったのは、事実である。しかし、長期不況という社会変化で昨日までの「往くところなき」場も、明日はリストラで去らねばならない不況におののくのである。

社会は勝手に移っていく。自分はどこに、自分の「往くところなき」場を設定すべきだろうか。

孫子にたずねても、孫子は答えてはくれない。

部下を極限状態に置くことも必要である――よく兵を用《もち》うる者はたとえば率然《そつぜん》の如し

「たくみな指揮官は、率然のように軍を動かすものである」と原文を訳してみたところで、「率然」という言葉の意味がわからなくては何もならない。「率然」とは、あわただしいさまとか、にわかなさまと辞書にある。

この副詞が、固有名詞としてはじめて使われたのが『孫子』のこの一句においてである。孫子はさらに次のようにつづけている。

「率然」というのは常山《じょうざん》に棲む蛇の名である。この蛇はその頭を狙って棒を打ちおろそうとすると、尾をふるって反撃してくるし、尾を狙えば鎌首をもたげて反撃してくる。それではと腹を狙えば、頭と尾とで反撃してくる。

この反撃の仕方が、またいかにも素早いので「率然」と名づけられたのであろうが、このように軍を首尾相呼応させる戦法のことを、以来、「常山蛇勢」とか「常山の陣」とか呼ぶようになった。

しかし、いかに有能な指揮官であっても、兵士をこの「率然」のように、つまり自分の手足のように使いこなすことは難しい。

ではどうしたらよいのか?

その答もきちんと用意されている。

「それでは、いったい、兵士を率然のように動かすことができるものだろうか? できる。そもそも呉の国の人間と越の国の人間は宿敵同士である。しかし、この両者が同じ舟に乗り合わせて嵐にあったらどうするか。お互いわが身可愛さに憎しみも忘れて、左右の手のごとく助け合うであろう」

孫子は、戦場となる場所の地形を九つに分類(九地)した。彼はそこでまず、他国の領土に侵入して戦うことを重視した。他国の領土で戦うとなれば、当然のこと長居は無用、速戦即決でいかなければならない。そのためには軍隊を率然のように動かさなければならない。そしてまた、そのためには、兵士を「死地」——絶体絶命の境地——へ投げこむことだ。そうすれば、たとえ弱体の軍隊であろうと、生きのびたい一心から、みんな力を合わせて戦うものだ、というのが彼の主張である。

あれかこれか迷い、自らの優柔不断さに死にたくなった時など、思い切って死地に飛びこんでみるのも一法だろう。

地形に適した戦法をとれ

およそ客たるの道は深ければ専《もっぱら》にし　浅ければ散ず

ピエ・クォーチ。まああなたよそよそしい、そんなご遠慮なさらんで、仲間として、同志として、アット・ホームにふるまってください……呼ばれて行った他家で、パーティ先で、すぐに主人側から口にされる言葉である。「別客気」と書く。

別に遠慮とか他人行儀とか、礼教の伝統が身についてとか道学者ぶっているためというよりも、なにかエトランゼの身には異郷は勝手が違い、様子がわからないところから、必要以上に構えてしまう、身がすくむ、警戒心も強くなる……、その結果が、嗤《わら》われまい、おとしいれられまい、身を清く正しく持そう、一歩ひかえよう、本心からの発言を避けるほうが無難だとの考えが支配的になるにすぎない。

客とはそういうものである。客とは主（ホスト）の対。身を寄せる、外からやってきた者。孫子流にいうなら、遠くその国の支配が及ぶエリアの外側＝域外に攻めこんだ者・兵・軍・師であろうか。

それは、祖国を離れれば離れるほど心細い立場にちがいない。祖国に近ければ〝面（エリア）〟を支配もしようが、離れるほどに面は〝線（ライン）〟となり、やがて〝点（ワン・ポイント）〟

でしかなくなる。駐留する軍営を一歩離れれば異郷であり、敵国であるとの想いがひしひしと身にせまる。恐怖心もいやまさる。不用意な行動は死につながるから、仲間同士、グループで団結し、集団行動が主になるだろう。

リーダーはこのあたりの人間心理をたくみに利用するなら、乏しい兵力、糧秣のなかで、あるいは能力以上のものを引きだしていくこともできる。

ただし、祖国に近いところでは逆の現象も生じるにちがいない。敵地とか異郷という観念を生じさせないほどに、味方がいる。〝良民〟もほどよく宣撫されているから、軍営を離れても気軽に濶歩できる。敵襲の危険もなく、綱紀はゆるみ、かてて加えて望郷の念（ホームシック）がいやまさる。家が近いのに、老父に代わって畑に出ることもできず、愛妻と言葉をかわすこともかなわず、一人息子の頭を撫でられない歯がゆさが、気もそぞろにさせるからであろうか。

……という人間心理の、わが胸の奥の底までえぐり出したうえで、孫子は異郷での戦さのあり方を分析する。お国を何百里離れた絶地を、その離れ方と地形に応じて分類し、かつそれぞれにおける方略を示す。

――兵の心をとらえろ（散地《さんち》）、軍をまとめろ（軽地《けいち》）、軍を急がせろ（争地《そうち》）、守りを固めろ（交地《こうち》）、諸侯を同盟させろ（衢地《くち》）、糧秣を確保せよ（重地《じゅうち》）、早く通過せよ（圮地《しち》）、逃げ道をふさげ（囲地《いち》）、死にもの狂いで戦うしかないと全軍にわからせよ（死地《しち》）。

相手の身になって考えよ

天下の交わりを争わず　天下の権を養わず　己《おのれ》の私《し》を信《の》べ　威《い》敵に加わる　故にその城は抜くべくその国は破るべし

春秋時代（前七世紀）、斉《せい》の桓公《かんこう》が魯《ろ》を攻撃した。魯の将曹沫《そうばつ》は三度戦って三度敗れた。魯の荘公《そうこう》は恐れて、遂《すい》の地を献じて和を請うた。桓公はこれを許し、魯と柯《か》に会して和を盟《ちか》った。

その時、曹沫は短剣をにぎって壇上に迫り、桓公をおびやかして言った。

「斉は強く、魯は弱いとはいえ、貴国の魯侵略ははなはだしいものがあります。今、魯の城は破れ、斉の国境が圧迫を加えている状態です。よろしくご配慮ください」

桓公はこれを許し、「魯から奪いとった地をことごとく返そう」といった。

すると、曹沫は短剣を捨て、退いて群臣の位置にもどったが、顔色も変わらず、言葉づかいももとのままだった。そこで桓公は怒って、この約束にそむき、曹沫を殺そうと望んだが、管仲《かんちゅう》が言った。

「それはいけません。そもそも、小利を貪り、それによって自らの快を求めるならば、諸侯の間に信義を棄て、天下の援けを失ってしまいます。返されるにこしたことはありません」

かくて、桓公はついに侵した魯の地を割き、曹沫が三度戦って失った地を、ことごとく魯に与えた。諸侯はこれを聞くと、斉を信じ、その配下につこうと望んだ。これがもとで桓公は中原に覇をとげることができた。

時代は下って湣王《びん》のころ、斉は威力を誇って、南は楚《そ》の宰相唐昧《とうばい》を重丘《ちょうきゅう》に破り、西は韓《かん》・魏《ぎ》・趙《ちょう》の三晋《しん》を観津《かんしん》に挫《くじ》き、ついに三晋とともに秦《しん》を伐ち、趙を助けて中山《ちゅうざん》を滅ぼし、宋を破り、地を広げること千余里。湣王は秦の昭《しょう》王と重きを競って帝と称した。

湣王は自ら誇り、魯に行っては「天子が巡狩する時には、諸侯はその宮殿を天子に譲り、鍵をさし出し、威儀を正して堂下に配膳を監督し、天子が食し終わって、はじめて退いて政事を聞くものだ」と豪語し、鄒君《すうくん》の死を弔いに行っては、「天子が弔する時は、主人は棺を後ろにし、北面して南に坐り、天子は南面してくやみを言うものだ」というほどであった。

ために斉はようやく信を諸侯に失い、やがて、湣王の驕暴をにがにがしく思っていた趙・楚・韓・魏・燕の諸侯が連合して斉を伐った。連合軍は斉都臨淄《りんし》をおとしいれ、湣王は敗走してしまった。

身勝手なふるまいをして国を滅ぼした好例といえよう。

孫子はいう。

——天下に交わりを求めず、天下の力を養い育てず、身勝手な振舞いをし、相手に威圧を加える、そういうふうだからその城は陥落し、その国は滅びることになるのだ。

指導者は常識を超えた賞罰を行なえ

無法《むほう》の賞《しょう》を施し　無政《むせい》の令《れい》を懸《か》くれば　三軍の衆を犯《もち》うること一人を使うが如し

ここに、あるきまりがあるとする。きまりの中味は、常識的であって、誰もが妥当と考えるだろう。このきまりを忠実に守って、兵卒を賞めたり、罰したりするだけでは、大部隊を、あたかも一人の人間であるかのように働かせることはできない、と孫子はいう。

きまり以上の思いきった賞、きまり以上の厳しい罰を与えることで、はじめて「三軍の衆をもちうること一人を使うごとし」になれるのだ。

日本の経営者は、国際会議に出席する時たくさんの随員を連れていくといわれる。なぜ連れていくかといえば、彼は、こまやかなことや末端のことを知らないので、交渉が具体的な問題に入った時、随員から知識を得るためである。経営者が、末端のことまで知らなくてもよいというのは、いわば、日本の会社のきまりのようなものである。

このきまりから見ると、アメリカの経営者というのは、新鮮に見える。彼は、少ししか随員を連れてこない。なぜなら、彼は、会社の仕事の末端までよく知っており、何が問題なのかよくつかんでいるので、交渉に入っても、いちいち随員に聞かなくてもよいのである。

この二つのタイプの経営者を比べてみて、どちらが、きまり以上の思いきった賞と罰を実施できる可能性を持っているかといえば、もちろん、アメリカ型だと思う人が多いだろう。

末端の仕事を掌握することは、即末端の人々の心をつかむことではないが、人心掌握のための不可欠の条件であり、最初の一歩であることはまちがいない。

では、どういう状況、どういう時に、きまり以上の賞、あるいは罰を行なうのか。

覇王として行動を起こす時である。天下の秩序を維持するものを覇者といい、覇者として天下を支配するものを覇王という。覇王のきまりは、賞、罰ともに、世間の常識をはるかに超えるものでなければならない。

相手の言いなりになって油断させよ

兵を為すのことは敵の意を順詳《じゅんしょう》するに在り……


「戦争を行なうにあたって心すべきことは、敵の気持ちをよくおしはかることである」

孫子はこういっているが、近世の中国に、「幇襯《ほうしん》」という言葉がある。『今古奇観』という短篇小説集のなかの一篇では、この言葉を次のように説明してある。

いわく――

「幇《ほう》とは、鞋《あぜ》にがわがあるようなもの、襯《しん》とは、衣服に肌着があるようなものである。およそ女郎たるもの、一分の取りえのある場合、人がはたからこれを親身に助ければ、それが十分にもなる。もしまたかりに、至らぬところがあっても、気をきかしてそれをかばってやる一方、下手《したて》に出て何かとちやほやし、せいぜい女の気に入るようにして、その機嫌を損じないようにし、情でもって情をはかれば、こちらになびかぬことはないはず。これを、〝幇襯〟というのである」（千田九一訳による）

これは男が女の心をとらえる時の方法を述べたものだが、孫子がいっているのがまさにこのことでる。やや強い隣国があって、それが力をたのんで無心にきたとする。こちらは笑顔でそれに応えてやる。そうしたことが二度三度と重なると、相手はすっかり気を許してしまう。その機をとらえて相手を一気にたたきつぶす。

つまり、相手にはこちらの下心をわからせず、こちらは相手のことを一から十まで知り尽くす、これが相手に勝つ最良の方法である。そのためには、まず相手の気に入るようにして、相手を油断させ、相手を思いのままに動かすことだ。

広告業界の合言葉の一つに、「お客さまは王様である」というのがある。お客さまはさんざんにおだてあげられ、実体は何もないのにステイタス・シンボルだなどと言われて、無理をして高い買物をし、月賦の支払いに苦しみながらも、そこはかとない優越感にひたっている。一方、売り手のほうはといえば、頭を一つ下げれば、それだけの金が確実に入ってくる。さて、この勝負はといえば、今さら言うまでもあるまい。
それにしても、孫子の兵法も利用の仕方では善にも悪にもなる。心すべきだ。

声を殺して準備し、一時に爆発させよ――始《はじめ》は処女の如くして敵人戸を開く　後は脱兎《だつと》の如くして敵拒《ふせ》ぐに及ばず

「はじめは処女のごとくよそおい、備えをおろそかにさせておいて、あとは脱兎のごとく変じて敵に拒《ふせ》ぐいとまも与えない」

たくみにスパイを放っては情報戦を展開して油断させ、機至るとみれば奇計をもって速攻に転じて大勝を博した将軍として、司馬遷《しばせん》は、戦国時代の斉の田単《でんたん》を推す。

燕王《えん》が楽毅《がくき》を将として斉《せい》に攻め入った時のことである。諸城は次々に落とされて、莒《きよ》と即墨《そくぼく》の二拠点を残すのみだった。楚《そ》の援軍を得た斉王と、かつての戦いで知謀の片鱗をのぞかせた田単は、この二拠点によって燕の名将・楽毅の軍と攻防を展開した。その戦いが数年にわたったところで田単は、しきりにスパイを放つ。また自軍にも信じさせる。

いわく――楽毅は帰国を延ばすためにわざと戦さを長引かせている。われわれ斉としては、ここで敵将の更迭《こうてつ》が怖い（燕王はこの策にはまり、楽毅と騎劫将軍とを交替させる）。

いわく――神のお告げあり。わが軍には神師が降られた（一兵卒を神師として坐らせ、すべての布令を神師の教えと称した）。

いわく――燕が、捕虜にしたわが兵を劓《はなき》り刑にして、これを第一線に列べて進撃してきたら、わが軍の士気はくじけるだろう。

いわく――城外にあるご先祖の塚を燕軍があばき、辱かしめるようなことでもあれば、申しわけが立たない。

あとの二項は燕軍の実施するところとなり、これを見た斉の兵卒たちは、捕虜になるのを恐れて守りを固め、先祖の墓をあばかれたくやしさから、出撃を願うまでに成長した。

機はようやく熟した、と田単将軍は次の作戦に移る。その周到ぶりは見事である。精兵を敵の目から隠し、老弱・婦女を城壁に登らせて降伏を申し入れ、さらに民間の富豪に巨額の賄賂《わいろ》を燕将に贈らせて、徹底的に油断をさせた。

奇策〝火牛の計〟がここで一気に決戦すべく採り入れられる。牛千頭、赤い絹地に竜の模様を描いて着せ、角に着剣し、尾に葦を束ねて火を点じ、燕の陣営に向けて放つ。あとに続く精兵五千。同時に城内では軍鼓を鳴らし、トキをあげ、銅器を打ち鳴らす老弱・婦女も加わって、天にどよもす。

攻守ところをかえ、燕軍が大敗したことはいうまでもないが、この即墨の戦いで斉は勢いにのり、七十余城のことごとくを奪いかえすことになった。

兵書が日本に早くから伝わっていたことはよく知られているところだが、これまた『源平盛衰記』は朝日将軍の木曽義仲をもちあげて、倶利伽羅《くりから》峠の火牛の計を称賛する。加賀・越中の境、砺波《となみ》山で夜蔭に乗じ、牛角に松明《たいまつ》をともして平維盛《これもり》の軍を駆逐した寿永二年（一一八三年）の戦いは「処女・脱兎」の後段を援用していることは確かである。ただし、前半の「処女……」云々を、単にネコかぶりの世間を忍ぶ姿で、後段の「……脱兎」こそが孫子のいいたかった言葉と解するのはどうか。

古来、熟語成句では、たとえば〝有象無象《うぞうむぞう》〟のように後半だけに意味ありとする解釈を、この件《くだ》りで認めたくはない。むしろ、後段の華々しさを生みだす源流の清冽さを、声を殺して準備する前半に認めることが、孫子の本意に近い、……と思うのだが、どうだろうか。

12 火攻篇＝攻撃方法を工夫せよ！

偶然性に頼っては勝てない

およそ軍は 必ず五《ご》火《か》の変を知りて 数を以て之《これ》を守る

火攻めは、もっとも有力な攻撃手段の一つである。だから孫子は、乾燥した時期に、天文学的な観測にもとづく風の起こりやすい日を選ぶという条件をつけたうえで、

一、兵士を焼き殺す、
二、糧食集積所を焼きはらう、
三、輜重《しちょう》隊を火攻めにする、
四、武器貯蔵庫を焼く、
五、敵陣自体に火を放つ、

という五つの火攻めの方法について述べている。

しかも孫子は、それぞれの場合について、敵の内部に火の手があがったら、逡巡することなくそれに呼応して攻撃すること、火の手があがっても敵軍に動揺がなければ、思わぬ罠があるにちがいないから、しばらく攻撃をさしひかえること。火力を尽して、攻撃すべきなら攻撃し、攻撃すべきでないと見たら中止すること。火を敵陣の外から放つことができれば、内部から放火するまでもなく、適当な時期に放つこと。火攻めには風下から攻撃しないこと、昼と夜の風の具合に

ついて研究すること、といった状況の変化に応じて攻撃の方法を変える、臨機応変の措置についてもつけ加えることを忘れていない。

それは、もっとも有力な攻撃手段の一つである火攻めを採用するにあたっても、決して偶然を頼りにしてはならないという、孫子の戒めであるにちがいない。あたりまえのことを、あたりまえに、しかし痛切な反省をこめて即物的に述べてゆく。こうした孫子の叙述のなかに、日ごろわれわれがうちすてでかえりみない重要な視点が、衝撃的な力として秘められているのだ。

いうまでもなく、火攻めというのは、現在のわれわれには直接かかわりのあることではない。だが、この火を、ことわざにいう、「火のないところに煙はたたぬ」の火と解すれば、孫子のこの教えも、意外とわれわれの身近なところにあるものとなるにちがいない。

ムダは徹底的に排除せよ

それ戦勝攻取してその功を修めざるものは凶《きょう》　之を命《な》づけて費留《ひりゅう》という……

ここは〈火攻篇〉第十二である。本来ならばその名のとおり、前項の「五火」につづいて火攻め、焼き討ちについて、その種類とか、事を起こすにあたっての準備であるとか、あるいは実施にあたっての方法などについて、いかにも孫武らしい言葉が用意されてなくてはならない。またその文脈に応じて、解説者としてもそれらしい古代戦争の事例を用意しておかなければならないところである。たとえば戦国時代の斉の即墨城を守った田単将軍が、奇計をもって牛千頭を集め、赤い衣をかぶらせ、その角には兵刃を束ね、尾に枯れ葦を束ね、油をそそいで火をつけ、夜蔭に乗じて燕軍に向かって放ったという「田単火牛」の計がすぐに脳裏をよぎる。さらにはまた『三国演義』の名場面である「赤壁の戦い」の名場面が頭をかすめ、黄蓋《こうがい》の活躍に誰もがうなる。

しかしなぜか、〈火攻篇〉の各原文は、その一部を除いて火攻め、焼き討ちとはかかわりのない、まことに正統派そのものの堂々たる文章に終始する。現に、このページの一文にしても、戦さという行動をとる時は、費用対効果を徹底的に分析せよという。

「戦さに勝って、敵の土地だとか城や村を奪ってみたところで、肝心の戦争目的が達成できず、戦略効果があがらなかったならば、それは経費のムダ遣いであり、ムダな努力にすぎない」と、まことに手厳しい。

この謎、実は『孫子』の新出土資料による研究によって、どうやらある程度まで推測がついている。〈火攻篇〉と次にくる〈用間篇〉の順序が逆に配置されたらしいのである。とすると、ここにいう「費用対効果」「ムダをとことん排除する」という近代経済学の基本になるような命題をわれわれに突きつける孫子なる人物のスケールの大きさ、いや今日の世界中の政治家が舌を巻く現代感覚には、脱帽である。

『三国志』を彩るかずかずの名君・知将のなかで、個人的な好悪は別として、まず指を屈すべきは曹操、すなわち魏の武帝だろうが、つづく晋の時代の文学者、左思《さし》（太沖）の手になる〈魏都《ぎと》の賦《ふ》〉（『三都の賦』の一篇）は、彼のムダのない戦さ上手を謳いあげた。「賦」はある意味では褒め殺しの文章だから、少しキザではあるが。

「武帝が兵を起こされてより数十年、鋭気はますます盛んに、日に三たび敵に接し、月に三たび勝ち、昼夜の分かちなく、暴れる者を討伐し、猛り狂う者を蹴散らし、良民を危うきにさらす奴ばらをムシロでも巻くように逮捕します。……さて、戦い勝つと凱旋しますが、祝賀の宴で、戦功を論じ、封・爵を滞りなく行き渡らせます。ですから朝廷には賞状をやろうかよそうか遅疑逡巡しているうちに磨滅してしまった判子《はんこ》（刓印《がんいん》）などあるはずがなく、功ある者を顕彰しないムダ遣いなどはないのです」

「朝に刓印なく、国に費留《ひりゅう》なし」こそが、兵を運用する理想的な国家経略なのである。

感情でことを起こしてはいけない

主は怒りを以て師を興すべからず　将は慍《いきどおり》を以て戦いを致すべからず……

最近、自分の感情のままに生きたい、というのが一つの流行になりつつある。

流浪の旅に終わった俳人山頭火へのあこがれもそうだろうし、比較的やさしい大学を選んで入学し、自己表現ができて、しかも出勤時間にしばられないような職業――フリーターやカメラマンとかコピーライター、ファッションデザイナーをめざす学生たちの最近の傾向もそうかもしれない。

自分をしばるものから、なんとかして脱出したいという、この種の傾向に対し、孫子のいう「英明な人は自分だけの一時の怒りにまかせて軍を起こすな、憤激にかられて出撃するな」という教訓は、おそらく、水にまぜようとしても果たせない油のようなものかもしれない。

行動を起こすのは、起こすにふさわしい客観的な条件がすべて満たされたあとでなければならない。なにごとも自分勝手に、一時の気まぐれな感情で行なうべきではなく、つまりは主観的、自己中心的であるべきではない。

これが孫子がいおうとしていることなのだ。

アメリカの大手の広告代理店の副社長が、言ったことがある。

「僕は、うちの連中に、いつも語っているのです。どんなに無理難題をクライアント（お客）に言われても、その場で喧嘩してはいけない。会社にもどってから、僕にぶちまけてくれ。僕をクライアントと思って、ののしってくれ」

気ままに生きられるように見えるコピーライターにしろ、グラフィック・デザイナーにしろ、怒りの感情を思いのままに流出する自由は持ちあわせていなかった。

とはいえ、会社にもどっても、憤懣のはけ口のない普通のサラリーマンよりは、はるかにいいかもしれぬ。

つまり、どんなに自由な存在と見える人であっても、形として見えるか、形としては見えないかの程度の差であり、質としては決して自由ではないのかもしれない。

真の自由とは無関係な、いささかましに見える自由らしいものを求めて、次々とうつろい歩いていこうとする最近の傾向は、果たしてどんなものであろうか。なにごとにも慎重に、警戒心をはたらかせて行動しないと、周囲にも迷惑が及ぶことも、頭の片隅に残しておくとどうだろう。

坂を転がる前に歯止めせよ

亡国はまた存すべからず
死者はまた生くべからず

呉《ご》王夫差《ふさ》が王位につくと、大臣の伯嚭《はくひ》をひきぬいて総理大臣に任命し、自分は軍事教練に専念した。その翌年、呉王はすべての精兵を率いて越《えつ》を攻撃し、越の軍を夫湫山《ふしょうざん》で撃破した。越王勾践《こうせん》は残兵五千人とともに会稽山《かいけいざん》にたてこもり、大臣の種《しょう》を派遣して伯嚭にたくさんの賄賂を贈って和睦してくれるように頼んだ。伯嚭のとりなしで、呉王は和睦することを許そうとした。すると、伍子胥《ごししょ》が呉王に忠告した。

「越王というのは、苦しみに耐えることのできる人間です。今、亡ぼしておかなければ、将来きっと後悔することになりますよ」

この時、伍子胥は呉の国が亡んでしまうきざしのようなものをかいま見ていたにちがいない。だが呉王は聞かず、伯嚭の言葉に従って越と和睦してしまった。

呉王夫差の七年、呉王は斉を攻撃した。この時も伍子胥は、

「越王勾践は苦労に耐え、民をねぎらって国力の回復に努力しています。勾践が死なない限り、呉の心労はなくならないでしょう。それであるのに、越を放っておいて斉を攻撃するのは、たいへんなまちがいです」

と忠告したが、呉王は聞かず、斉を攻撃して斉の軍を艾陵《がいりょう》で撃破した。この勝利で呉王の得意は増加したが、伍子胥の目には、呉の国の滅亡がますますはっきり映ったにちがいない。九年には、騶《すう》のために魯《ろ》を征伐し、十年に斉を攻撃し、十一年にも再度斉を討伐したが、越には手もつけなかった。それだけではない。越王勾践がご機嫌うかがいに参上し、多くの献上物を持ってくると、呉王は大いに喜んだのである。伍子胥は、呉の国の滅亡を恐れて、三たび呉王に忠告した。

「越はわが体内にひそむ病気のようなものです。斉のやせた土地をとるよりも、まず越を処置することこそたいせつです」

しかし呉王は聞かず、かえって伍子胥を使者として斉に派遣した。伍子胥はわが子に、

「呉はもうおしまいだ。おまえは呉とともに亡ぶ必要はない」

と言い、その子を斉の大臣の鮑牧《ほうぼく》にあずけて帰国し、呉王に使者としての報告を行なった。すると、総理大臣の伯嚭が逢同《ほうどう》と共謀して、伍子胥を呉王に中傷した。

「伍子胥はどうやら謀叛を起こすつもりらしいですよ。わが子を斉の鮑氏のもとにあずけてきたのが、何よりの証拠ではありませんか」

呉王はそれを聞いて大いに怒り、伍子胥に名剣・属鏤《しょくる》の剣を下賜した。この剣で自殺せよ、という意味である。伍子胥は死ぬにあたって言った。

「おれの墓には必ず梓《あづさ》の木を植えてくれ。それで呉王の棺桶ができるだろう。それから、おれの眼をえぐって呉の東門の上にかけてくれ。越の軍が攻めいって呉を亡ぼすのを見てやるのだ」

それを聞いて呉王は激怒し、伍子胥の死体を馬の皮で作った袋に入れて、長江にほうりこんだ。

伍子胥を殺してから、呉王はついに斉に攻めこんだが、逆に敗北を喫してしまった。十三年には魯と衛《えい》の君主を招いて、槖皐《たくこう》で覇者を決めるため会合を開いた。十四年には諸侯を黄池《こうち》に集めて、再び覇者を決める会合を開いた。ところが、その隙に乗じて越王勾践が呉を攻撃し、呉の太子友《ゆう》を虜《とりこ》にしたのである。知らせを聞いて呉王は急拠兵を率いて帰国したが、国外にいることがあまりにも多年にわたったため、将士とも疲弊していた。そこで使者を派遣し、大量の贈り物を

おくって越と和睦した。

十八年、越はますます強くなり、またしても呉を襲って、呉の軍を笠沢《りったく》で撃破した。二十年に、越王はまた呉を攻撃し、二十一年には、ついに呉の首都を包囲した。二十三年になって、越はとうとう呉を亡ぼしてしまった。越王勾践は、呉王夫差を甬東《ようとう》の地に移して、百軒の村の村長にしようとしたが、呉王は辞退して言った。

「すでに年とってしまって、もう君王に仕えることはできない。ただただ、伍子胥の言葉を採用せず、こんな窮状におちいったことを後悔するだけだ。ああ、伍子胥は死んでもう生きかえらないにしても、伍子胥にあわせる顔がない」

夫差は、ついに自分から首をはねて死んだ。

亡びる運命にある国は、ひたすら亡びの道をつっ走り、はたからはどうすることもできないのだ。この亡びの道をつっ走るものは、国だけのことではあるまい。とすれば、亡びの道をつっ走るものからは、できるだけ早く飛びおりたほうがいい。でなければ、伍子胥のようにあらかじめ殺されてしまい、そして、死んだ者はもう帰ってこないのだ。

だから孫子はいっている。

——亡国はもう存続することができない。死者はもう生きかえらすことができない、と。

13 用間篇＝情報の生きた使い方！

情報は他人に先んじて入手せよ

明君賢将の動きて人に勝ち成功の衆に出ずる所以《ゆえん》のものは先知《せんち》なり……

せせこましい都会の生活、息苦しいまでに人を締めつける仕事の連続。わずかな日程でもいいから旅に出たい、遠くへ行きたい。どこまでも広がる緑の自然に接したくなる。

旅を目指す思いはさまざま――少年の日がもどってくるかもしれない。わが心の奥なる少年の日が、あるいはそこにあるのではないか。

自然を求めて旅立った私は、またしても『孫子』と出会ってしまうのだ。八ヵ岳一帯を例にとろう。

このあたりを縦横に這いまわる道は、佐久甲州往還（現・国道一四一号線）を筆頭に、ほとんどが武将・武田信玄の軍用道路であった。川中島へ急行する道であり、岳麓を諏訪湖一帯にまで兵を展開する軍道《いくさ》だった。それが、今は草深くハイカーをたのしませてくれるプロムナードになっている。

柳田国男がひかれたという〝加賀様の隠し道〟も、旅人に歴史をふりかえらせる。武・甲・信の三州をほぼ直線に峠道で連絡して黒部の針木峠《はりのき》に出たと推定されるこの道を、往時、加賀前田藩の隠密が、公儀目付の厳しい探索をのがれて、走りぬけたかと想像すると、『孫子』〈用間篇〉

が登場しないわけにはいかない。

「こちらで放った間諜（スパイ）からの情報が届かないのに、もし外部から情報が耳に入るとすれば、その間諜も、情報提供者も、両方とも死罪にしなければならない」

自然への回帰を願って、汚濁の都会をあとにしたはずではあったが、そこで知ったものは、乱世に生きぬく明君・智将たちの情報合戦としての大地であったという、皮肉なめぐり合わせなのだ。

「英明な君主や智将が、行動を起こせば必ず勝ち、尋常一様ではない大成功をおさめるのは、他人より一歩も二歩も先んじて情報を入手していればこそである」

その敵情把握にしても、鬼神に祈ったりするわけではない。過去のできごとから類推するだけでもない。夜空の星で占うのでもない。人を放ち、生ま身の人間の口を通じて聞きとった敵情だからこそ価値があるのだ。

十万の軍を起こせば、民衆の負担も重く、国家の経費も厖大なもの。そのうえ国内は騒がしくなるから、しごとにならない家が七十万戸に及ぶとふまなくてはならないことを思う時、情報収集を怠ることは許されることではない。

情報入手にカネを注ぎこみ、金品を惜しまず人手をかけろ。ここまで生きたカネを使えない君主や将軍は、民衆を愛していないことを態度で表明したことなのだ、とまで孫子は極言している。

一般民衆を協力者にせよ

郷《きょう》間《かん》とは　その郷人に因《よ》りてこれを用うなり

晋《しん》の予《よ》州《しゅう》の刺《し》史《し》、祖《そ》逖《てき》は、雍《よう》邱《きゅう》を鎮圧するにあたって、あまねく村人を愛し、士にはへりくだり、それほど親しくない者や、身分の賤しい者であっても、分けへだてなく、手厚くこれを遇した。村人はみな、感激した。

ただ河《か》上《じょう》堡《ほ》という村だけは、今は異民族として住んでいる先住者の影響が強く、その帰趨がはっきりしていなかった。

そこで祖逖は游軍を派遣し、いつわって河上堡を掠《かす》めさせた。どちらにつくか、はっきりさせようと思ったのである。

村長たちは、すでに祖逖に心服していたが、異民族のなかには違った意図を持っている者もいて、いつわりの軍の動きに応じて反対する態度をあらわした。祖逖に心服していた村長たちは、時を移さずひそかにこれを通報し、祖逖はこれらの反逆者たちを捕らえることができた。

こうして、祖逖は雍邱の鎮圧に成功したのであるが、これは村人を協力者に転向させて用いた、恰好の例であろう。

また、楚《そ》の昭《しょう》王の十年のことである。呉《ご》王闔《こう》閭《りょ》が楚の軍を破って楚都郢《えい》に入城した。昭王は出奔して雲夢《うんぼう》に行ったが、雲夢の人々は王とも知らずに、矢を射て負傷させた。昭王は逃げて隕《うん》に走った。

だが隕公は、弟の懐《かい》が昭王を殺そうとしていることを知って、昭王とともに楚の属国である随《ずい》に逃げた。それを聞いて呉王は随に進撃し、随の人々に言った。

「楚は、長江《ちょうこう》・漢水《かんすい》の間にいた周《しゅう》の子孫をことごとく亡ぼしたのだ。それなのに、同じ姓である随が楚王をかくまうことがありうるだろうか」

そこで、随の人々は昭王を殺そうと望んだという。

実際には、子綦《しき》が自ら王と詐称して昭王を守ったため、昭王を殺すことはできなかったが、これは国民を転向させた一つの例といえよう。

だから孫子はいっている。

――郷間とは、一般民衆を協力者にすることである。

敵の内部に協力者をつくれ

内間とは　その官人に因《よ》りてこれを用うなり

三国時代、益州《えきしゅう》の牧《ぼく》、羅尚《らしょう》は、その将隗伯《かいはく》を派遣して、郫《ひ》城に蜀《しょく》の賊・李雄《りゆう》を攻めさせた。

すでに勝敗が決すると、李雄は武都《ぶと》の人である朴泰《ぼくたい》を呼び出し、血の出るまでこれを鞭うった。それによって羅尚をあざむき、李雄は朴泰の仇《かたき》だと信じこませておいて、ひそかに朴泰に内応させようとしたのである。内応は火をもってしるしとすることを、あらかじめ定めておいた。

果たして羅尚はこれを信じ、ことごとく精兵を出し、隗伯を将として、再び李雄を攻撃させた。朴泰がこれに従軍したことは、言うまでもない。

隗伯の軍は進撃して、城を構えた。すると、李雄の将である李驤《りじょう》は道に伏兵をひそませる一方、朴泰は長い梯子を城によせかけておいて、火をつけた。火の手があがるのを見ると、隗伯の軍の兵は先を争って梯子を登った。朴泰は縄でもって羅尚の軍兵百余人を引き上げ、ことごとく斬ってすてた。

そこで李雄は兵を放ち、内外呼応してこれを撃ち、大いに羅尚の軍を敗った。

＊

隋《ずい》の陰寿《いんじゅ》は幽州《ゆうしゅう》総官《そうかん》になったが、高宝寧《こうほうねい》が兵を挙げてこれに反した。だが陰寿がこれを討伐したので、高宝寧は磧北《せきほく》へ逃げた。陰寿はその討伐軍を二つに分け、成道昂《せいどうこう》を残留させて、その鎮圧に任じた。

高宝寧はその子の僧伽《そうか》に命じて、軽装の騎兵を率いて城下をかすめ去らせ、ついで契丹《きったん》・靺鞨《まっかつ》の人々を案内してこさせると、これらの人々と会盟して成道昂を攻撃した。成道昂は連日苦戦し、ついに退却するに至った。

陰寿はこれを憂慮し、手厚く高宝寧に賄《まいな》いすると同時に、高宝寧の親任する趙世模《ちょうせいぼ》、王威《おうい》らのもとにひそかに人を派遣して、離間を策した。こうすることひと月あまりで、趙世模は兵を率いて降服した。

高宝寧はまたもや契丹に走ったが、その部下である趙修羅《ちょうしゅら》に殺され、北方はついに安定するに至った。

孫子のいう、「内間というのは、相手方のものを協力者にすることである」とは、まさにこれを指すのであろう。敵方の協力者により、敵の内部から瓦解をはかるのである。

敵のスパイを逆用せよ

反間とは　その敵に因りて　これを用うなり

陳平《ちんぺい》は、はじめ漢《かん》王の護軍中尉《ごぐんちゅうい》であった。

楚《そ》王の項羽《こうう》が漢王を滎陽《けいよう》に包囲した。久しくたっても包囲が解けないために漢王は憂慮し、滎陽以西の地を割譲して和睦しようと申し出た。だが項羽は聞きいれなかった。その時、陳平が建議した。

「思うに、楚には撹乱できる隙があります。あの項羽の剛直の臣といえば、亜父《あほ》、鍾離昧《しょうりばつ》、竜且《りょうしょ》、周殷《しゅういん》といった数人にすぎません。王が数万斤の金をばらまいて反間を行ない、君臣の間をさき、互いに疑心を生じさせられれば、嫉妬心が強く讒《ざん》言を信じやすい項羽の人柄からして、必ず内部で殺しあうことになるでしょう。その時に乗じて兵を挙げ、攻撃すれば、きっと楚を破ることができるでしょう」

漢王は「なるほど」と思い、黄金四万斤を出して陳平に与え、勝手に使わせた。陳平は多額の金を使って反間を楚軍に放ち、言いふらさせた。

「鍾離昧らの諸将は、項羽の将として功績は大きい。それなのに、ついに地をさいて王にしてくれようともしないので、漢と一緒になって項羽を滅ぼし、その地を分けて王になろうとしている」

予想どおり、項羽は疑いを抱いて鍾離昧を信じないようになった。間もなく項羽は使者を漢に送った。漢王は盛大なご馳走を用意し、楚の使者を見て驚いたふりをして、

「亜父の使者かと思ったら、なんだ、項王の使者か」

と言うと、用意したご馳走を下げてしまい、改めて粗末な料理を出して楚の使者にすすめた。楚の使者は帰国すると、つぶさに項羽に報告した。項羽は果たして大いに亜父を疑った。

亜父は急襲して滎陽城を降《くだ》そうと望んだが、項羽は信用せず、亜父の言葉に耳をかさなかった。

亜父は、項羽が疑っていると聞いて大いに怒り、疽《はれもの》が悪化して死んでしまった。

漢王は、陳平の計によってようやく滎陽城を脱出し、ついに楚を滅ぼすに至ったのである。

敵の協力者がわがほうをうかがいにくければ、厚くこれをもてなしてかえって味方につけ、あるいは素知らぬ顔をして偽りの情報を与えて敵を混乱させ、わがほうの協力者として逆用する。だから孫子はいう。——反間というのは、敵の協力者を逆用するのである。

協力者は生かして使え

——生間《せいかん》とは反《かえ》り報ずるなり

春秋時代、宋《そう》の文公《ぶんこう》の十六年（前六世紀）秋九月、楚《そ》の荘《そう》王が宋を包囲した。楚の将軍子反《しはん》は、城外に楼を築き、その中にいて戦いを指揮した。翌年の夏五月になっても、宋の軍は降伏しようとはしなかった。宋の軍の頑強さに手をやいた荘王は、囲みを解いて引きあげようとした。その時、楚の大臣申叔時《しんしゆくじ》が進言した。

「宋が降参しないのは、わが軍が長居はすまいと思っているからです。もし、わが軍の兵士に家を造らせ、田を耕させて、いつまでもいるぞという意志表示をすれば、宋は恐れて降参するにちがいありません」

荘王はさっそくその計を採用し、城外の民家をこわし、竹や木を切り出して家を建てるぞという様子を示すと同時に、兵士十名を一組とし、五名には従来どおり城を攻めさせながら、五名には田を耕させた。

宋ではそれを見て恐れ、華元《かげん》をつかわして、夜、楚の軍中にしのびこませた。華元は楼に登って子反の寝室に潜入し、そっと子反を起こした。子反が目をさまして起きあがろうとした時には、すでに華元に組みしかれていた。

華元は短剣を抜き放って、言った。

「主命によって、特に夜中に和を求めにまいりました。将軍が聞きいれてくだされればよし、もし聞きいれてくださらなければ、将軍の命は、私とともに今夜なくなるのです」

子反があわててその条件をたずねると、華元は言った。

「わが主君は、私に宋の苦しみを告げ、こう言うように申しつけられました。わが国はいま、お互いに子供を交換しあって食い、死人の骨を砕いて煮炊きしているような状態です。しかしながら、城下の盟《ちか》いというようなことは、国中の者が一人残らず死ぬようなことになっても、受け入れられるものではありません。どうか、軍を三十里しりぞけてください。そうすれば、申し分はうかがいましょう」

子反は、それを受け入れ、華元と固く約束するほかなかった。華元はその約束をとりつけると、ただちに帰って宋の文公に報告した。

夜が明けると、子反は荘王に昨夜のことを報告し、軍を引くことを乞うた。荘王は華元の言葉の真実であることをよみして、ただちに軍を三十里退却させた。

賢材知謀、強健勁勇、よく動静を察し、その計異の及ぶところを知り、知ればただちに帰還して報告する、華元のごとき協力者は生かして使わなければならない。

スパイは死ななければならぬ時もある

死間《しかん》とは　誑事《きょうじ》を外に為し　吾《わ》が間をして之《これ》を知りて敵に伝えしむるなり

戦国のころ、鄭《てい》の武公《ぶこう》は胡《えびす》の国を伐《う》とうとして、まず自分の娘を胡の国に嫁がせた。そうしておいてから、群臣にたずねた。

「わしは戦争をしたいと思うのだが、いったいどこの国を攻めるべきだろうか」

すると、大夫《たいふ》の関思期《かんしき》が言った。

「胡の国をお伐《う》ちなされるのがよろしいでしょう」

武公は怒って関思期を処刑し、

「胡の国は娘が嫁いだ兄弟のような国なのに、それを伐てとはなんたることだ」と言った。

胡の国ではそれを聞いて、鄭の国はまことにわが国を兄弟の国として遇していると信じ、なんの防備もほどこすことがなかった。

鄭の軍はすかさずその無防備をついて胡を襲撃し、ついにその国を奪った。

＊

漢王《かん》が酈生《れきせい》をつかわして斉王《せい》を説かせた。酈生は斉王に言った。

「王は天下がいずれに帰するかご存じでしょうか。もしご存じにならねば、斉の国も保てないでしょう」

「では天下はどこに帰するのだ」

「漢王《かん》に帰するでしょう。漢王は天下の兵をとりまとめ、諸侯の後裔を立て、城を降せば功のあった将を侯に任じ、財貨を得れば士卒に分け与え、天下の豪傑英雄賢人才士は喜んでその駆使に甘んじ、諸侯の兵は四方から集まって参ります。しかるに項王は、人の功労は認めず、人の罪は忘れず、ために将兵は戦いに勝っても恩賞を得られず、城を抜いても封地を与えられず、項氏の一族でなければ重要な政事に参与することも許されず、天下の人はこれにそむき、賢人才士もこれを怨んでいます。これをもってみても、天下が漢王に帰することは明らかでしょう。王も早く漢王に下られるべきです」

斉王は「なるほど」と思い、防備の兵をやめた。

するとその機に乗じて、韓信の軍が襲撃してきた。斉王は漢軍襲来と聞くや、はかられたと知って大いに怒り、ついに酈生を煮殺し、兵を引き連れて東へ逃げた。

＊

偽りの情報を伝え敵を信じさせ、その不意を衝《つ》いて敵を破ることは容易だが、偽りの情報を伝えた協力者は、必ず敵の殺すところとなる。だから死間という。時には、あらかじめ殺して、偽りの情報を真実らしく見せることもあるが、いずれにしても協力者は死なねばならないのだ。

スパイは慎重にあつかうべきである――

聖智に非ざれば間を用いる能《あた》わず
仁義に非ざれば間を使う能わず
微妙に非ざれば間の実を得る能わず

間《かん》とは間諜《かんちょう》、今ふうにいえばスパイである。

孫子は、スパイをたいへんに重視した。スパイが働いてくれなければ、孫子のいう上策の勝利――たとえば、敵国を傷つけずにそのままで降伏させる。たとえば、軍団を無傷でそのまま降伏させる――は得られないからであろう。

わが国のスパイのなかで、孫子がしたと同じように大事にされ、またそれにふさわしい働きをした者があったろうか。

江戸時代の大盗賊団が、めざす店に番頭として住みこませた手先というのは、ほぼ、孫子的間諜であったように思われる。

住みこみの手先は、千両箱のあり場所を確認する。店全体が何時に寝こむかを通報する。不寝番がいればこれを酔わせて寝かす。近所に番所があれば何時に見回るか調査する。しかるのち、仲間の盗賊団のために、内側から、しんばり棒をはずす。無事に脱出できるよう案内する。

これこそ誰一人も傷つけず、味方も損失を受けず、しかも盗むという目的をきちんと達成させる——軍団を無傷で降伏させるに等しいものである。

孫子は、間諜について次のように規定している。三軍の将が全軍の士卒のなかでもっとも親しくする存在。もっとも賞与の多い存在。もっとも秘密を要する仕事をになう存在。聡明と思慮深さ、仁慈と正義の心がなければ使ってはならない存在(情報の真偽を判断するために)。もっとも微妙な心くばりを必要とする存在。

孫子が、このように間諜を真綿でくるむように大事にあつかうのは、安全に勝つことを第一とすれば、当然といってよい。

数あるわが国の間諜のなかから、盗賊団の手先を一例としてあげたのは、一種皮肉の意味がある。

孫子は、正々堂々の戦いの決定的部門としてスパイをあげたが、これまでの日本は正々堂々の一翼にスパイをあげたことはなかった。むしろ、スパイは卑怯と思われているのは、孫子からすれば一番効率のよい兵法をむざむざ見捨てているともいえよう。

まず相手の名前と性格をキャッチせよ――まずその守将・左右・謁者《えっしゃ》・門者・舎人《しゃじん》の姓名を知り　吾が間をして必ずこれを索知せしむなり……

およそ戦おうとする者は、必ず敵が用いる人間を知り、その賢愚巧拙に応じて対策を立てなければならない。

秦《しん》末漢《かん》初のころ、漢王劉邦《りゅうほう》が韓信《かんしん》、曹参《そうさん》、灌嬰《かんえい》を派遣して、魏豹《ぎひょう》を攻撃させた。攻撃に先だって、漢王は幕下にたずねた。

「魏の大将は誰であるか」

「柏直《はくちょく》であります」

「まだ乳臭いやつだ。韓信にはかなわないだろう。では、騎兵隊長は誰であるか」

「馮敬《ふうけい》であります」

「秦《しん》の将、馮無択《ふうむたく》の子だな。賢明ではあるが、灌嬰の敵ではないだろう。歩兵隊長は誰であるか」

「項它《こうた》であります」

「これも曹参の敵ではないな。してみると、わが軍にはなんの心配もないわけだ」

漢王は、敵将の一人一人を味方の将と比較し、それぞれにおいて味方が勝ることを知って、安心して攻撃を加えたのである。もし敵将の姓名がわからなければ、比較することも不可能であったといわなければならない。

戦いとは、しかし戦争だけとは限らない。商売もまた戦いの一つなのだ。そして、電話帳、紳士録、新聞、地方年鑑、業界名簿、町内地図といったものにはじまり、インターネットや、はては自分で行って見たり、近所の人々から聞きこみをしたり、相手の取引先をたずねたり、税務署の高額所得者のリストを利用したり、取引金融機関に行ってその信用状態をたずねたり、法務局に行って不動産の登記の有無を調べたり、およそ考えられる限りのありとあらゆる方法をつかって、相手が個人ならばその氏名、年令、住所、電話番号、家族構成、収入、財産、住居、暮らし向き、職業、地位、加入団体、性格、趣味、信用程度、相手が法人ならばその社名、業種、資本金、従業員数、住所、電話番号、不動産、商売の規模と内容、取引先、取引銀行、信用状態、購入決定者およびその地位、管理者と実際の使用者、役員等々についてつぶさに調べあげたうえで、堂々と商談におもむいているセールスマン諸氏は先刻ご承知のところであるが、この戦いもまた、まず相手の姓名を知ることからはじまるのである。

戦いがはじまったならば、これまでに調べあげたすべての情報を動員して、戦いの主導権をにぎらなければならない。そのための第一歩が、相手の名を知ることなのだ。だいたい、どこの誰とも知れぬ者との間になんらかの商談がまとまると思うほうがおかしいだろう。

だから孫子はいうのだ。

——およそ撃ちたいと思う軍隊、攻めたいと思う城、殺したいと思う人物については、必ずあらかじめその守備の将軍、左右の側近、奏聞者（とりつぎの者）、門番、役人の姓名を知り、さらに味方の間諜にそれらの人物の具体的な内容を追求・調査させなければならない。

逆スパイは厚遇すべきである——反間《はんかん》は厚くせざるべからず

戦国のころ、蘇秦《そしん》は燕《えん》王のために斉《せい》王に説いた。

「飢えた者でも烏喙《うかい》（毒薬）を食べようとしないのは、それでいくらか飢えはしのげても、餓死するのと同じ結果を招くからだ、と聞いています。なるほど燕は弱小ではありますが、また秦《しん》王の女婿でもあります。幸いにして大王はその燕の十城を獲得されましたが、それによって大王はまた強秦と敵対されることになったのです。これはさしずめ烏喙を食うの類《たぐい》と申せましょう」

「ではどうすればいいのか」

「昔から、よくことを制する者は、禍いを転じて福となし、失敗にもとづいて功をなす、と聞いています。大王がほんとうに私の計を聞かれるのなら、さっそく燕の十城を返されることです。燕ではわけもなく十城が手に入ったことを喜ぶでしょうし、秦王が自分のせいで燕に十城が返されたと知れば、これまた喜ぶに決まっています。これこそいわゆる、仇を捨て固い交わりをうる、というものでしょう。燕と秦がそろって斉に仕えるようになれば、大王の号令を奉じないものは、天下にいなくなるでしょう。つまり、中身のない言葉で秦を味方につけ、十城でもって天下をとる、これが覇王の業なのです」

斉王は「なるほど」といって、燕の十城を返した。すると、蘇秦を中傷する者が出てきた。

「蘇秦はどこにでも国を売る、裏切りの臣です。いまに乱を起こしますよ」

蘇秦は罪せられることを恐れて燕に帰ったが、燕では復職させてもらえなかった。十城をとりもどして燕には功があったが、どこまで忠信であるのか疑わしかったからだ。蘇秦は燕王に面会して、言った。

「こういう話があります。ある男が遠方で任官しました。長い間家をあけていたので、その男の妻はほかの男と私通してしまいました。ところが、その夫が帰ってくることになったのです。私通した男が心配すると、もう情の移ってしまったその妻が言いました。『ご心配なく。ちゃんと毒酒が作ってあります』。三日ほどたって夫が帰ってきました。帰宅のお祝いの席で、妻は夫の妾にその毒酒を持ってきてすすめるようにいいつけました。妾は酒に毒が入っていることを知らせようかと思いましたが、そうすれば妻に追い出されてしまうでしょう。黙っていようかとも思いましたが、そうすれば主人を殺すことになります。思いあまった妾は、わざと倒れて酒をこぼしてしまいました。主人はすっかり怒ってしまい、妾を笞《むち》で五十もたたいたということです。つまり、その妾はわざと倒れて酒をこぼすことによって、主人の命を助けるとともに、妻の身も守ってやったわけですが、しかし、自分が笞うたれることを免れることはできませんでした。私の罪というのも、不幸にしてこれに類するものであるようです」

これを聞いて、燕王は蘇秦を復職させ、ますます厚遇するようになった。

やがて蘇秦は燕王の母と私通するようになったが、燕王はそれを知っても、ますます蘇秦を厚遇した。蘇秦は、あるいはこれは殺されることの前兆ではないかと思い、燕王に説いて言った。

「私が燕にいたのでは、燕の威信を高めることができません。だが斉にいれば、燕は必ず天下に重きをなすようになるでしょう」

燕王は言った。

「なさりたいようになさるがいい」

そこで蘇秦は、燕に罪を得たといつわり称し、逃げて斉に走った。斉の宣《せん》王はこれを外様《とざま》の大臣として遇した。

宣王が死んで、湣《びん》王が即位すると、蘇秦は湣王に説いて、宣王を厚く葬って孝道を明らかにするようにすすめた。同時にまた、その宮殿を高くし、庭園を大きくして、得意の心を明らかにするようにすすめた。それだけ斉を疲弊させ、燕のためをはかろうとしたのである。

してみると、いかがわしい面も多く、権謀・術策に長じ、反間（逆スパイ）の名をきせられて天下の笑い者になったが、蘇秦もたしかに燕のためになるようつとめてはいたのだ。むしろ、燕にとっては蘇秦を敵にまわすより、蘇秦を厚遇したほうがその効用ははるかに大きかったのかもしれない。

だから孫子はいっている。

——反間は厚く遇さなければならない。

本書は一九七三年一月、小社より刊行された『孫子の兵法入門』を新書判化にあたり、再編集した。

【著者紹介】

高畠　穣（たかばたけ　じょう）

1926年福岡生まれ。九州大学文学部卒業。訳書に、蕭軍『八月の村』（学芸書林）、丁玲『太陽は桑乾河を照らす』（河出書房）、袁珂『中国古代神話』（みすず書房）、丁玲『水』『多事の秋』（平凡社）。著書に『新中国故事物語』『悪の行動学』（日本文芸社）などがある。1994年、逝去。

日文新書

孫子の兵法入門

平成13年6月20日　第1刷発行

著者	高畠　穣
発行者	阿部林一郎
印刷所	誠宏印刷株式会社
製本所	小泉製本株式会社

発行所　東京都千代田区神田神保町1－7　株式会社　日本文芸社

郵便番号　101-8407
振替口座　00180-1-73081
TEL 03(3294)8920［編集］ 03(3294)8931［販売］
落丁・乱丁本はお取りかえいたします。
112010620-112010620 Ⓝ01
Printed in Japan
組版　株式会社キャップス
ISBN4-537-25055-0
（編集担当　吉野）
URL.http://www.nihonbungeisha.co.jp